NF文庫
ノンフィクション

第二次大戦 不運の軍用機

大内建二

潮書房光人新社

はじめに

第二次世界大戦では参戦各国が様々な軍用機を戦場に送り出し、その多くは目的に適う活動をした。それらのなかには足掛け七年の戦争のすべての期間に出現した機体、急ぎ開発され大活躍をした機体、また戦場に現われた時期が遅く所期の目的は達せられずに戦後に貢献した機体、あるいは地味ながら戦いの裏方として存分の働きをしたものなど、様々な軍用機が存在した。

しかし、なかには大きな期待をかけられて第一線に投入されたが見込み違いとなった機体、開発が遅れて戦いに参加するのが遅すぎた機体、そして機体自体の存在感が乏しいものなども見られた。

戦場に投入されて活躍した軍用機についてはこれまで数多く紹介されているが、期待はずれに終わった機体については触れられる機会が少ないか、ほとんどないのが実情である。そこには出現当初は大々的に喧伝されたが、その後影をひそめてしまったものもあり、またその存在そのものがまったく失われてしまった機体もあった。

ここに登場するのは、そうした中から筆者の独断と偏見で「不運な機体」として選定し、紹介したものである。

第二次大戦 不運の軍用機——目次

第二次大戦 不運の軍用機

第1章　日本の不運な軍用機

1、九八式軽爆撃機（キ32）

陸軍は一九三三年（昭和八年）に制式採用された複葉・羽布張りで水冷エンジンを搭載する川崎航空機社の九三式単発軽爆撃機を長らく使用していた。やがてより近代的な戦術爆撃機の必要性を認識し、一九三六年五月に三菱重工業社と川崎航空機社に次期単発軽爆撃機の試作を命じたのである。

これに対し三菱重工業社は空冷エンジンで固定脚式、全金属製単発軽爆撃機（後の九七式軽爆撃機、キ30）を試作した。一方の川崎航空機社は同じく全金属製で固定脚式の単発軽爆撃機を試作したが、この機体は液冷エンジンを搭載していた。川崎航空機社はすでに制式採用されていた九二式および九五式戦闘機に水冷エンジンを搭載しており、この取り扱いについては自信があったのである。

両社の試作機はいずれも複座で主翼を中翼配置として、胴体下には最大四五〇キロ

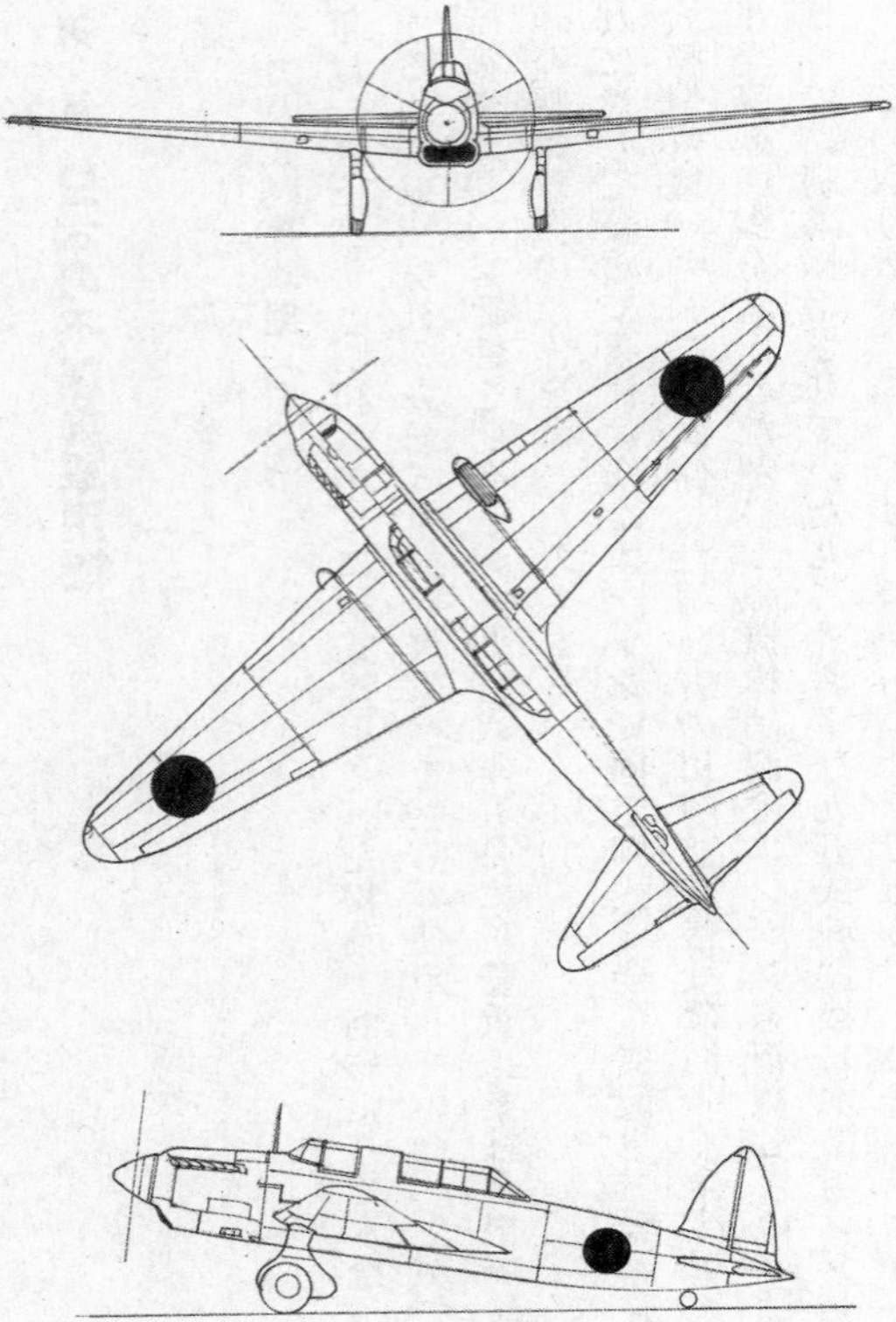

九八式軽爆撃機

九八式軽爆撃機（キ32）

の爆弾の搭載が可能な爆弾倉を備えていた。

川崎航空機社開発の軽爆撃機は一九三七年三月に完成し、ただちに陸軍の審査を受けた。本機に搭載されたエンジンはドイツのＢＭＷ製のエンジンをライセンス生産した最大出力八五〇馬力のＶ形一二気筒「川崎ＢＭＷ９」であるが、故障が多発していた。その原因はエンジン内部のピストン直結の回転機構、また冷却構造に起因するものが大半であった。日本の当時の精密工業製品の製造技術の未熟さに起因するものである。

同エンジンの不調は試験飛行期間中も多発したが、陸軍は三菱社製の軽爆撃機を九七式軽爆撃機として翌一九三八年六月には早くも制式採用したのだ。そしてエンジンの不調で審査は遅れたものの川崎社製の本機も飛行性能の良さが評価され、同年八月に九八式軽爆撃機として採用されたのである。

当時は日中戦争の最中であり、旧式化した爆撃機からより新しい爆撃機を至急要求されていた事情もあり、多少の問題はあるものの本機が制式機体として認められたのである。

九八式軽爆撃機の生産は一九三八年七月から一九四〇年七月まで行なわれ、合計八四六機が造られた。本機は爆撃機戦隊に配備され中国戦線に送り出されて多用されたが、その間もエンジントラブルが減ることはなかったのである。

太平洋戦争が勃発すると、本機装備の第三飛行戦隊と第二十三飛行戦隊が、開戦劈頭に実施される香港攻略および南支攻略作戦に広東省南部の基地から参加することになった。投入機体は合計三四機であった。本作戦は短期間で終了し、両戦隊はただちにマレー半島に移動し、シンガポール攻略作戦に投入されたのであった。

この大作戦は予想外に短期間で終了し、引き続いてビルマ攻略作戦に投入される計画であったが、この頃から九八式軽爆撃機のエンジンのとくに冷却系統の不具合が続出し始めたのであった。気温の上昇にともない本機のエンジンが基本的に持つ冷却系統の欠陥がクローズアップされてきたのである。

結局この時点で九八式軽爆撃機の実戦部隊での運用は中止され、以後は練習機や連絡機として用いられるにとどまったのである。八〇〇機以上も量産されながら不本意に終わった機体であった。
本機の基本要目は次のとおりである。

全幅　一五・〇〇メートル
全長　一一・六四メートル
自重　二三四九キロ
エンジン　川崎ハ9－Ⅱ乙（液冷V形一二気筒、最大出力八五〇馬力）
最高速力　四一五キロ／時
上昇限度　八九〇〇メートル
航続距離　一九六〇キロ
武装　七・七ミリ機関銃二梃、爆弾四五〇キロ

2、二式単座戦闘機「鍾馗」（キ44）

「鍾馗」を不運な軍用機として取り上げるならば、いささか議論が持ち上がるであろう。しかし本機の開発と結果を眺めると、不運と言わざるを得ない機体であることに間違いなさそうである。「鍾馗」は高性能な機体ではあったが、開発当初の目的とその後の日本の戦闘機の置かれた位置がずれてしまった結果、不遇をかこつことになっ

たのである。

日中戦争の勃発翌年の一九三八年初めに陸軍は中島飛行機社に対し、日本陸軍戦闘機の伝統的な格闘戦を重視した後の一式戦闘機「隼」の開発を命じると同時に、それとは真逆の、いわゆる重単座戦闘機（重戦）の開発も命じたのである。

重戦（思想）とは欧米ではすでに出現していた、高速力、優れた上昇力、重武装を兼ね備えた、いわゆる一撃離脱戦法を主眼とする戦闘方式とそれに対応する戦闘機のことである。武士や騎士の伝統的な戦い方である相互いに組み打つ一騎打ちではなく、高速による一撃離脱を行なう重武装戦闘機が重戦思想に適った戦闘機なのである。

中島飛行機社の設計陣は早速、新しいタイプの戦闘機の設計に注力した。陸軍が新戦闘機にもとめた性能は、最高時速六〇〇キロ、高度五〇〇〇メートルまでの上昇時間五分以内、巡航速力も異例の時速四〇〇キロで、航続距離は一〇〇〇キロとされたのである。

設計陣が第一に直面した問題は、この条件を満たすことができる戦闘機に搭載するエンジンである。当時開発が進められ実用化の段階にあったエンジンでその対象となるものは、中島飛行機社が開発した空冷複列星形一四気筒、最大出力一二五〇馬力のハ41であった。このエンジンは直径が一・三メートルもあり、戦闘機用エンジンとしては寸法が大き過ぎるのであった。設計陣はこのエンジンを採用する以外に道はなく、同エンジンに二速過給機を付加させ、最大出力を向上させて機体に搭載することにしたのだ。

新型戦闘機の条件に高速力があった。このために同時に進められていた後の「隼」の主翼面積二二平方メートルより三〇パーセントも少ない、一五平方メートルの主翼を本機に取り付けたのである。「隼」の計画機体重量が約一六〇〇キロであるのに対し、本機の機体予定重量は二〇〇〇キロとなっていた。このために翼面荷重は「隼」の一平方メートル当たり一〇〇キロに対し、新型戦闘機は一七〇キロと大幅な増加となったのである。この値は確実に重戦闘機に相当するもので、軽快な一騎打ちの巴戦を行なういわゆる軽戦ではなく、一撃離脱戦闘方式に適した戦闘機だったのである。

新型戦闘機の試作機は一九四〇年八月に完成した。そしてその後改良が加えられ二式単座戦闘機として制式採用されたのは一九四二年末のことであった。

本機の量産型の性能は最高時速六〇五キロ、五〇〇〇メートルまでの上昇時間四分一五秒、航続距離は増槽タンク付きで一二九六キロであった。量産された「隼」の同じ値は、最高時速五一五キロ、上昇時間五分四九秒、機体内燃料タンクによる航続距離一九〇〇キロと、格段の違いが生じたのである。本機はまさに局地戦闘機用として

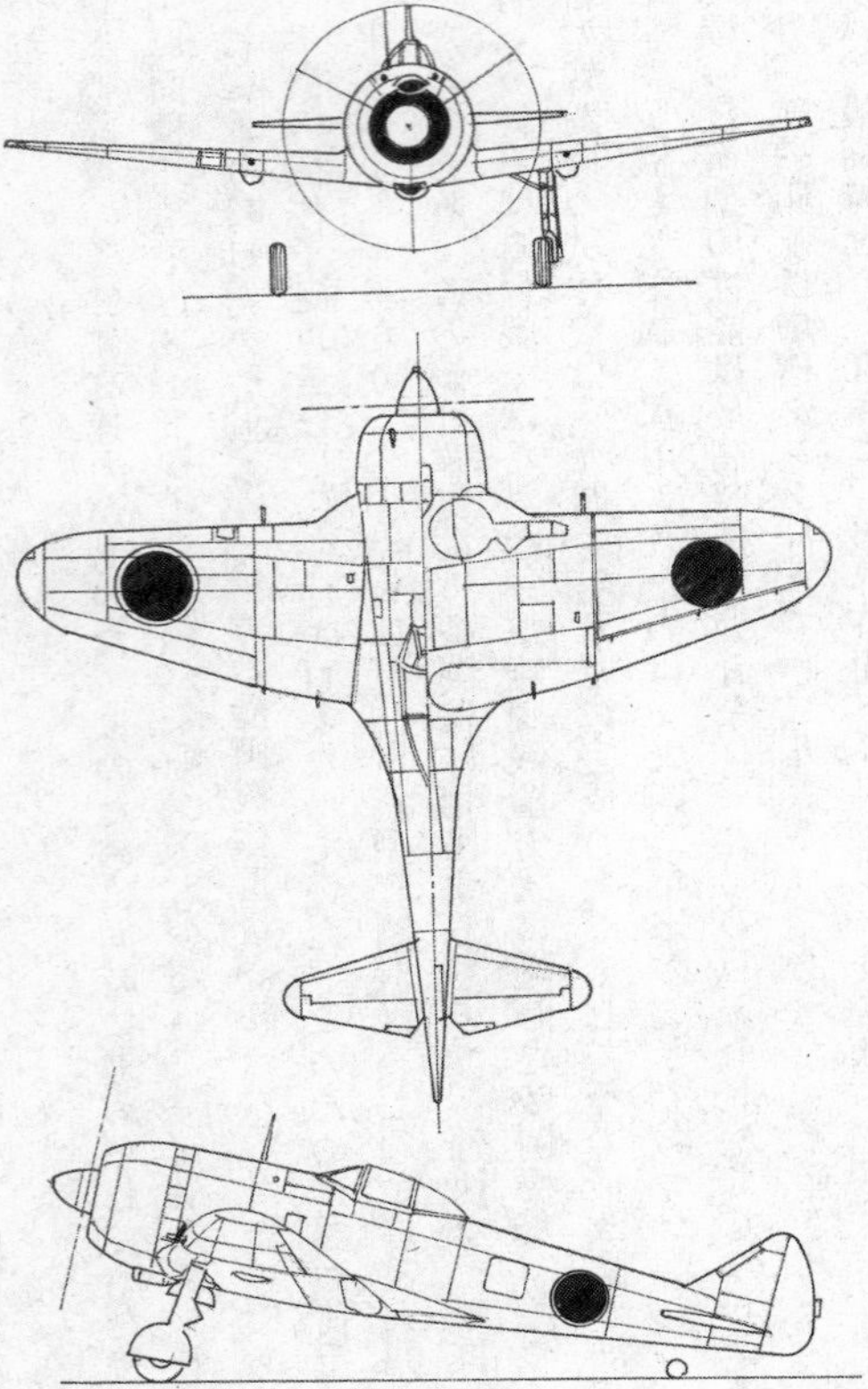

二式単座戦闘機「鍾馗」

完成したのである。

ただ本機は翼面荷重の大きな機体であるがために、以後最後まで問題がつきまとうことになったのである。それは着陸速度が高速となることであった。「隼」の着陸速度は時速一一〇キロである。これに対し「鍾馗」の着陸速度は一四〇キロに達したのだ。わずか三〇キロの差ではあるが、複葉戦闘機やそれまでの九七式戦闘機の時速一〇〇キロ前後の着陸速度に慣れていた搭乗員にとって、突然の四〇キロの増速は恐怖を感じるものとなったのだ。

本機には新しいシステムのフラップが採用されてはいたが、着陸速度の大きな減速は期待できなかった。陸軍は本機の量産を進め部隊配備を開始した。

一九四一年末に「鍾馗」の増加試作機九機による実戦試験部隊「独立飛行第四十七戦隊」（カワセミ部隊）を編成し、錬成の後、マレー・ビルマ方面に進出させて戦場での評価が実施されている。

しかし本機の航続距離の短さは長大な航続力を要求される太平洋や東南アジアなどでは不適合であった。結局は満州方面や日本国内での防空戦闘用の迎撃機としての任務につくことになったのである。

本機を装備した陸軍の代表的な部隊には第九、第七十、第八十七、第二百四十六戦

二式単座戦闘機「鍾馗」(キ44)

隊があるが、これらの任務は防空であった。この中で第八十七飛行戦隊はスマトラ島に展開し、主にパレンバンの油田・石油製油所周辺の防空任務に派遣されていた。一九四五年一月、イギリス海軍の機動部隊による同方面への攻撃に際しては、来襲したイギリス艦載機編隊を迎撃し、少なからぬ戦果を挙げたのであった。

一九四五年になるとB29爆撃機による日本本土空襲が激化するにともない、本機編成の戦闘機戦隊により迎撃戦が展開された。そして、本機はエンジンの高々度性能の悪さ、さらに高翼面荷重もわざわいして高々度戦闘ができず、敵への接近もままならない状態の厳しい現実に直面することになったのであった。

「鍾馗」は本来は優れた飛行性能を持った機体ではあったが、展開された戦場には適合しない戦闘機となったのである。本機の総生産数は一二二五機と決して少ないものではなく、日本陸軍の本機に賭けた期待のほどがうかがえるのである。

本機（キ44－２）の基本要目は次のとおり。

全幅　九・四五メートル
全長　八・八四メートル
自重　二一〇六キロ
エンジン　中島ハ109（空冷複列星形一四気筒、最大出力一五〇〇馬力）
最高速力　六〇五キロ／時
上昇限度　一万一二〇〇メートル
航続距離　一二九六キロ
武装　一二・七ミリ機関砲四門

3、試作戦闘機キ116

中島飛行機社が開発した四式戦闘機「疾風」キ84は、一九四三年三月に試作機が完成し、以後一〇〇機を超える増加試作による実用試験が展開された。そして翌年四月に四式戦闘機として制式採用され、同時に本格的な量産が開始された。

しかし本機に搭載された最大出力二〇〇〇馬力級のハ45（誉）エンジンは高い工作精度が要求されるもので、当時の工員の練度低下や材質の不良などから完成品の不具合が目立ち、量産される機体の不調が続出する状態となったのである。良質なエンジンの機体は高性能を発揮するが、配備された飛行戦隊の多くで機体の不備に悩まされ、作戦に支障をきたすほどであった。

さらに一九四四年十一月からB29爆撃機による本土空襲が開始されると、「疾風」の主力生産工場である群馬県太田工場、エンジンの主力工場である東京都下の武蔵工場が爆撃の対象となり、今後の同機の生産には暗雲が立ち込めたのである。

この事態に苦慮した陸軍は生産工場の満州ハルピンへの移管も検討し、同時に満州飛行機社に対し「疾風」のエンジンを信頼性の高い三菱ハ112－Ⅱ（「金星」六二型）エンジンに換装した、新しい「四式戦闘機」の試作と量産を命じたのであった。このエンジンは「疾風」に搭載された中島ハ45より若干出力は劣るが、安定性に優れたものであった。

また本機は重量がハ45より軽量であり、これを搭載することによる各所の軽量化も期待され、「疾風」に比べて極端な性能低下はないものと判断され、試作・量産が決定したのであった。

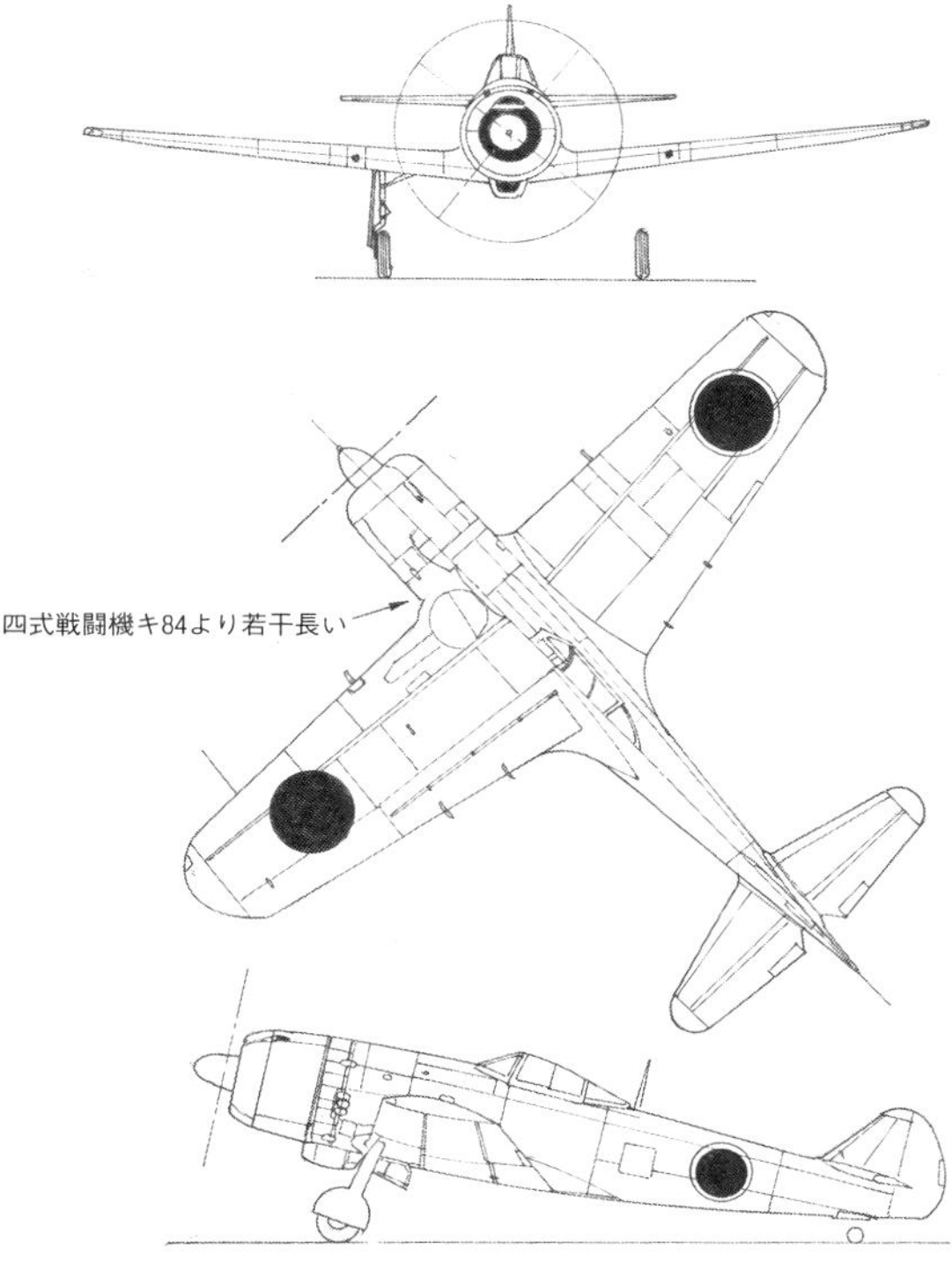

試作戦闘機キ116

キ116は機体そのものは四式戦闘機とまったく同じであり、エンジンの搭載方法に若干の差異がある程度で大幅な改造はなく、試作機は一九四五年七月下旬に完成したのである。エンジン出力の低下によりプロペラは四式戦闘機の四枚ブレードから三枚ブレードに取り換えられていた。

入念な整備の上、八月に入り試験飛行が行なわれた。キ116の機体重量はエンジンを含めた低減が五〇〇キロにも達したために、飛行の結果はエンジンの安定性もあり極めて良好で「疾風」と大きな差は認められないと判断されたのである。ただ出力減により最高時速は幾分低下することは分かっていたが、どのくらいの差が生じるかについては試験が未了の状態であった。本機の飛行試験が実施された直後の八月九日、ソ連軍が満州に進撃を開始、満州飛行機社はただちに機体を破壊処分し撤収を始めたのである。そしてその混乱の中で一切のデータが紛失してしまったのであった。

キ116はまことに惜しまれる機体である。おそらくその後はただちに量産が開始されたものと想像されるのである。本機は三式戦闘機「飛燕」のエンジン置換の五式戦闘機とともに、多くの活躍が期待された機体となったことは十分に推測されるのである。

4、百式重爆撃機「呑龍」（キ49）

日本陸軍が本格的な近代的爆撃機として開発した機体は、一九三七年（昭和十二年）に制式採用された九七式重爆撃機（キ21）であるといえよう。しかし同機を日中戦争の戦場に投入した結果、現地部隊から様々な欠陥が指摘されたのである。その中でとくに改善が求められたのが敵機の攻撃時の防衛火力の脆弱性であり、同時に航続距離の短さも改善の対象となったのだ。

これに対し陸軍は一九三八年にこれらの改良の要求を入れた新しい爆撃機の試作を中島飛行機社に要求したのである。中島飛行機社はこの新たな爆撃機の開発に新進気鋭の設計者を中心にしたチームを編成し、ただちに開発をスタートさせたのであった。設計チームに送り込まれたメンバーの中には戦闘機設計者も含まれていたのだ。新しい爆撃機の設計に新しいアイディアを求めたのである。試作機は早くも翌一九三九年八月に完成した。

陸軍がなぜ、中島飛行機社に対し新型爆撃機の開発を依頼したのか。その真相は判然としないが、中島飛行機社に陸軍が求めたものは、既存手法にとらわれない新しい発想の爆撃機の開発ではなかったのだろうか。中島飛行機社が開発メンバーにあえて戦闘機設計のベテランや新進気鋭を加えたことにもその考えがうかがえるのである。

陸軍がこの新しい爆撃機に求めたものは、

イ、防衛火力の強化
ロ、卓越した操縦性
ハ、敵戦闘機よりも優速
ニ、長い航続距離

であった。
これらの要求に対し、完成した新型爆撃機に採用された新機軸は次のとおりである。
イ、胴体尾部に日本の爆撃機として初めて銃座を設け、後方からの攻撃に備えた。
ロ、新しい構想の主翼の採用で燃料タンクの増設を図り、主翼構造の強化と主翼面積の増加を図った。
ハ、主翼補助翼に戦闘機の設計思想を取り入れ、大型機としては卓越した操縦性を付加させた。

実戦部隊が求めた防衛火力の強化に対し、本機では機首、胴体後上方、胴体尾部、胴体後下方、胴体両側面の六ヵ所に銃座を配置した。なおこれら武装は当初は後上方に二〇ミリ機関砲一門の他はすべて七・七ミリ機関銃であったが、太平洋戦争に投入された時点からは七・七ミリ機関銃は一二・七ミリ機関砲に強化されていった。

本機の最高速力は時速四九〇キロで航続距離は二七〇〇キロに達し、九七式重爆撃機と比較して向上を遂げている。ただ爆弾搭載量は九七式重爆撃機と同じく最大一〇〇〇キロであった。

日本の重爆撃機は「重爆」とはいいながら、爆弾搭載量が他国の同じ構想の爆撃機に比べて格段に少ないことはよく知られている。それでもなぜ「重爆撃機」と呼ばれたのか。その理由は次の原則があったからなのである。

日本陸軍では、敵の最前線の陣地や兵力を「繰り返し爆撃」で直接攻撃して戦力を弱めるための、いわゆる戦術爆撃に使われる爆撃機は軽爆撃機と称されることになっていた。これに対し戦場や後方拠点に存在する重要施設を「繰り返し爆撃」するために使われる爆撃機を重爆撃機と称したのである。つまり軽爆撃機も重爆撃機も爆弾搭載量が少なくとも「繰り返し」の爆撃を行なうことに重点が置かれているために、一回の出撃の際の爆弾搭載量を多くする必要はなかったのである。

また当時の日本には敵国の後方に存在する重要な生産拠点を集中爆撃するという構想はなかったのである。事実、当時の対戦国の中国には重要生産拠点・重工業施設は存在せず、あえてこれらの拠点を爆撃する方策は生じなかった。そのために日本の重爆撃機の爆弾搭載量は多くする必要がなかったのである。

新しい爆撃機、百式重爆撃機キ49はその後「呑龍」の愛称が与えられた。これは戦

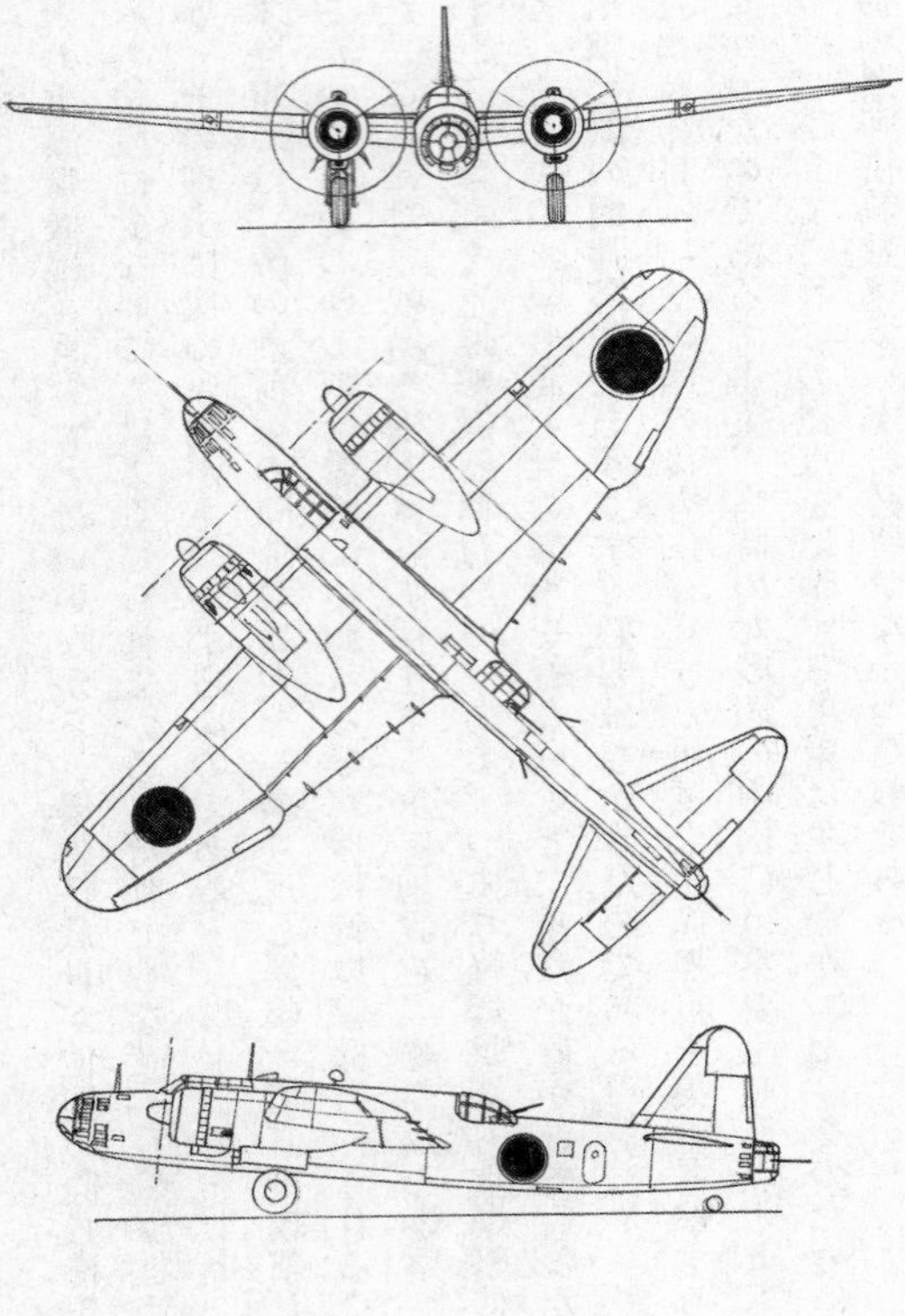

百式重爆撃機「呑龍」

意高揚のために、現用軍用機には定められたルールに従い愛称を付けることになり、陸軍爆撃機には「龍」の文字を付けることになったのである。そこで本機は中島飛行機社の主力工場が存在した群馬県太田町（現太田市）所在の古刹新田寺の別称「呑龍様」から、「呑龍」を拝借したものであったのだ。

「呑龍」は初期生産型の一型が一二九機、エンジン強化型の二型が六五一機、合わせて七八〇機が生産された。これは二〇〇〇機に達した九七式重爆撃機の生産量の半分以下なのである。

百式重爆撃機は太平洋戦争中に五個の飛行戦隊の重爆撃機として配備された。最初に実戦配備された「呑龍」戦隊は第七および第六十一戦隊で、一九四二年後半にスマトラ島に配置された。そして実戦訓練を兼ねてベンガル湾やジャワ海方面の哨戒飛行や索敵飛行を展開し、練度の向上に努めていた。その後一九四三年に入り爆撃作戦に投入されることになった。

連合軍はオーストラリア軍を主体にオーストラリア大陸西北のポートダーウィンを拠点に、日本軍に対するニューギニア島北東部方面からの侵攻を企てていたのである。日本陸軍と海軍航空隊はこの蠢動に対し先制攻撃をかけたのである。チモール島の基地に陸海軍爆撃隊と戦闘機隊を集結し、ポートダーウィン空襲を決行したのであった。

一九四三年六月二十日、チモール島の陸軍飛行第六十一戦隊の百式重爆撃機一八機は、二二機の一式戦闘機「隼」に援護されてポートダーウィンに向けて出撃した。ポートダーウィン上空にはオーストラリア空軍の「スピットファイア」戦闘機（5型）三〇機が在空し、日本の爆撃隊を邀撃したのである。

この日の戦闘で百式重爆撃機二機が対空砲火で撃墜され、三機が撃破されて途中海上不時着する被害を受けた。二日後に五機の百式重爆撃機が二三機の「隼」戦闘機に援護されて再びポートダーウィン周辺の航空基地の爆撃に向かった。この日は敵の迎撃はなく全機が帰還している。

このときの戦闘が百式重爆撃機の最初の実戦参加となり、その後、百式重爆撃機のこの二個飛行戦隊はニューギニア北東部戦線に投入され、一九四四年二月まで激戦を繰り返したのである。作戦後半には補充される機体もなく、数機による奇襲攻撃や孤立した部隊への物資補給を続けていたが、戦力消耗により戦隊はフィリピンへ引き揚げている。

その他の百式重爆撃機編成の飛行戦隊はビルマ戦線にも投入されたが、少数機の戦力では陸軍部隊の戦線維持の主力とはならず、フィリピンや内地へ撤収しているのである。そして一部の百式重爆撃機はフィリピン戦線で特攻まがいの攻撃にも投入され、

百式重爆撃機「呑龍」（キ49）

大きな戦果もないままに戦争の終結を迎えたのであった。
新型高性能重爆撃機として登場はしたものの、日本陸軍の爆撃機運用の不徹底により爆撃作戦の機会も少なく、あたら高性能も発揮できないまま、そして多くの機体の生産もなく、「呑龍」は不遇をかこって終戦を迎えた。
本機（百式重爆撃機二型後期）の基本要目は次のとおりである。

全幅　二〇・四〇メートル
全長　一六・五〇メートル
エンジン　中島ハ109（空冷複列星形一四気筒、最大出力一四四〇馬力）二基
最高速力　四九〇キロ／時
上昇限度　九三〇〇メートル
航続距離　二七〇〇キロ

武装　ロ　二〇ミリ機関砲一門、一二・七ミリ機関砲四〜五門、爆弾一〇〇〇キ

5、双発戦闘機・襲撃機キ102乙

日本陸軍の双発戦闘機・襲撃機キ102乙は量産も開始され、一部の機体の実戦配備も始まったが、それから間もなく終戦を迎えたのである。本機については、いささか開発の趣旨が不明確なところがあり、完成した機体の運用について右往左往している間に戦争は終わってしまった。

陸軍は二式複座戦闘機「屠龍」（キ45）の後継機として、より高性能な単座双発戦闘機キ96を試作した。同機は「屠龍」よりも優れた性能を示したのだが、陸軍の双発戦闘機に対する姿勢（いかに運用するか）が定まらず、あたら高性能を発揮しながら試作にとどまったのであった。

けれども陸軍はこの機体を高く評価していたのである。そして同機を母体にして高々度戦闘機、夜間戦闘機、襲撃機の三機種の開発を川崎航空機社に命じたのだ。川崎航空機はこの要求を受け入れ、早速三機種の開発をスタートさせたのである。同社は高々度戦闘機型にキ102甲、襲撃機型はキ102乙、夜間戦闘機型はキ102丙として開発を

進めた。

甲型は近い将来出現が予想されている高々度を飛行するボーイングB29爆撃機の迎撃を念頭に置き、エンジンには最大出力一五〇〇馬力の三菱航空機製のハ112Ⅱル（空冷複列星形一四気筒、排気タービン付き）を搭載していた。試作機は一九四五年初頭に完成し、二五機が増加試作され、そのうち一五機が陸軍に納入された。しかし排気タービンの不調が続き、解決策もなく、結局は本機は試作で終わることになったのである。また夜間戦闘機型の丙型は制作が最も遅れ、試作機が完成したのは同年六月であった。しかもその直後の工場空襲で試作機は全損し、丙型の開発は停止したのである。

ただ一機種残ったのが襲撃機型の乙型であった。本機はキ96を複座にして武装を強化した機体であり、開発段階での特段の問題もなく、ただちに量産に移されたのだ。

本機の襲撃機としての武装は機首に五七ミリ機関砲、機首下面の胴体には二門の二〇ミリ機関砲が搭載された。また後部座席には一二・七ミリ機関砲一門が装備された。そして主翼付け根付近の下面には二五〇キロ爆弾二発の搭載を可能にしたのである。

ただ装備された五七ミリ砲は本来は戦車に搭載された砲で、射撃時の反動は相当に強力で、一度の攻撃での連射は不可能との評価であった。

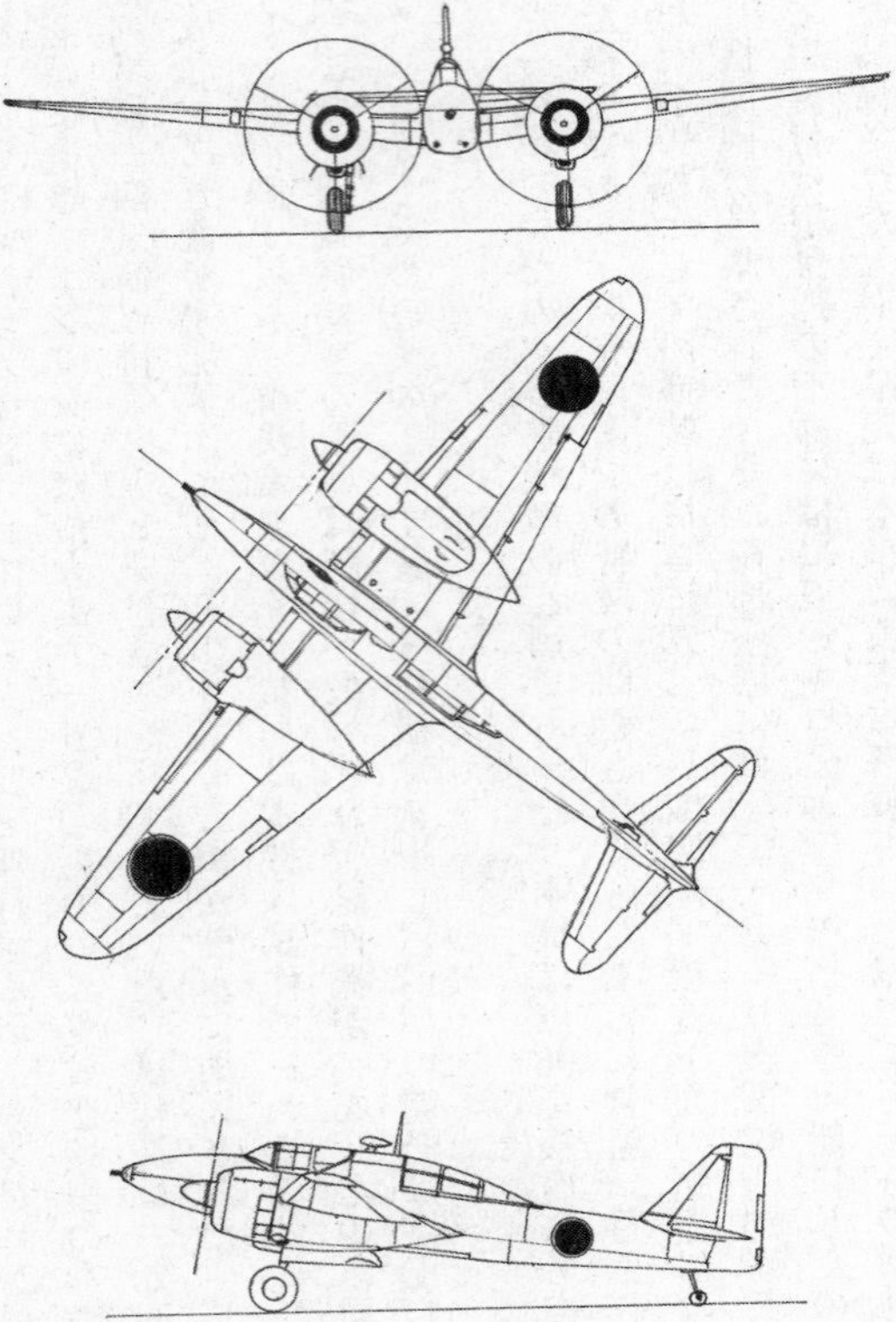

双発戦闘機・襲撃機キ102乙

このキ102乙は二式複座戦闘機「屠龍」よりはるかに強力な攻撃力を備えており、また最高速力も「屠龍」の時速五四〇キロよりも優速の五八〇キロであった。太平洋戦争初期から中期の段階であれば、本機は軽爆撃機あるいは襲撃機として相当の活躍が期待されたであろう。

陸軍はキ102乙を米軍の日本本土上陸作戦に備え、来襲する兵員輸送船や上陸用舟艇の攻撃に運用する計画であった。機体は終戦までに二一五機が量産され、一部は部隊編成も進められていた（軽爆撃機装備の飛行第二十八戦隊は、一九四五年六月頃から本機に機種を変換し、秋田県能代飛行場で錬成中に終戦を迎えている。同戦隊は本機編成による唯一の実動飛行戦隊であった）。

本機の基本要目は次のとおりである。

全幅　一五・五七メートル
全長　一一・四五メートル
自重　四九五〇キロ
エンジン　三菱ハ112Ⅱ（空冷複列星形一四気筒、最大出力一五〇〇馬力）二基
最高速力　五八〇キロ／時
上昇限度　一万五〇〇〇メートル

航続距離　二〇〇〇キロ
武装　五七ミリ機関砲一門、二〇ミリ機関砲二門、一二・七ミリ機関砲一門、
　爆弾五〇〇キロ

6、水上戦闘機「強風」（N1K1）

水上戦闘機「強風」は最初から水上戦闘機として開発された世界唯一のレシプロ戦闘機である。一九四〇年当時、日本海軍は将来、太平洋を舞台にして展開される戦場において、制空権の確保のために陸上基地が整備されるまで、水上戦闘機を活用する手段を構想していた。

これは太平洋戦争勃発後の早い段階で現実のものとなった。しかし実際には、開発中の機体が戦闘に間に合わず、既存の戦闘機を水上戦闘機に改造し応急対策としたのだ。そして当座の制空権の確保に大きく寄与することになり、水上戦闘機の必要性が実証されることになったのである。

海軍は一九四〇年、水上機と飛行艇の開発に多くの実績を持つ川西航空機社に対し、高速水上戦闘機（十五試水上戦闘機）の開発を命じた。

水上戦闘機は陸上戦闘機と異なりフロートを装備する必要があり、基本的に大きな

ハンディキャップを背負うことになる。したがって水上機が陸上機に対峙するには卓越した性能が必要になり、そのための多くの工夫が求められることになるのだ。

川崎航空機社が本機の開発に際し課題としたのは、

イ、機体の持つハンディキャップを克服するために、可能な限り大きな出力のエンジンを搭載する。

ロ、主翼は水面からできるだけ遠ざけ、しかも抗力を低減させるために中翼配置とする。

ハ、主フロートは抗力低減のために一本とし、その支持方法は可能な限り空気抵抗の少ない配置・構造とする。

ニ、空戦性能の向上のために、独創的な空戦フラップを装備する。

ホ、武装強化策として二〇ミリ機関砲を搭載する。

以上の基本構想の下に十五試水上戦闘機の開発がスタートしたのであった。

そして試作一号機は一九四二年五月に完成し、ただちに試験飛行が開始された。海軍は飛行試験の結果、本機が極めて高性能であると判断し、八機の増加試作機を造り、さらに各種試験を続行、一九四三年十二月に水上戦闘機「強風」として制式採用したのだ。これまでであれば「三式水上戦闘機」と呼称されるはずであったが、海軍は制式機に与える皇紀年を同年夏に廃止している。したがって海軍の年号で呼称される機体は、二式大型飛行艇や二式艦上偵察機、二式練習用飛行艇が最後となっている。

水上戦闘機「強風」は一九四三年十二月から翌年三月にかけて合計九七機が量産されたが、それ以後は生産が中止となってしまった。もはや水上戦闘機は、格段に高性能化した敵の第一線戦闘機と対等に空戦を挑める状況にはなかったのである。機体の完成が遅すぎたのであった。

日本海軍は新鋭の水上戦闘機の出現までの間、急ぎ零式艦上戦闘機一一型に単フロートを取り付けた即製の水上戦闘機「二式水上戦闘機」を一九四二年に開発、戦場に送り込んだのである。二式水戦は一九四一年十二月に試作機が完成、翌年七月に制式採用され、一九四三年九月までに合計三二七機が完成し実戦に投入されたのである。

二式水戦は海軍の構想どおりアリューシャン列島のキスカ島やソロモン諸島のブーゲンビル島ショートランド基地、あるいはニューギニア南西部のアル諸島などで活躍した。ただ同機はフロートが装備されたために、母体の零式艦上戦闘機に比較し最高時速は四三〇キロと大幅に低下したが、持ち前の高い運動性は保持されていたので局地防空戦闘に大きく貢献するものとなったのである。

日本海軍の水上戦闘機（二式水上戦闘機）の最も激しい戦闘の場となったのは、ア

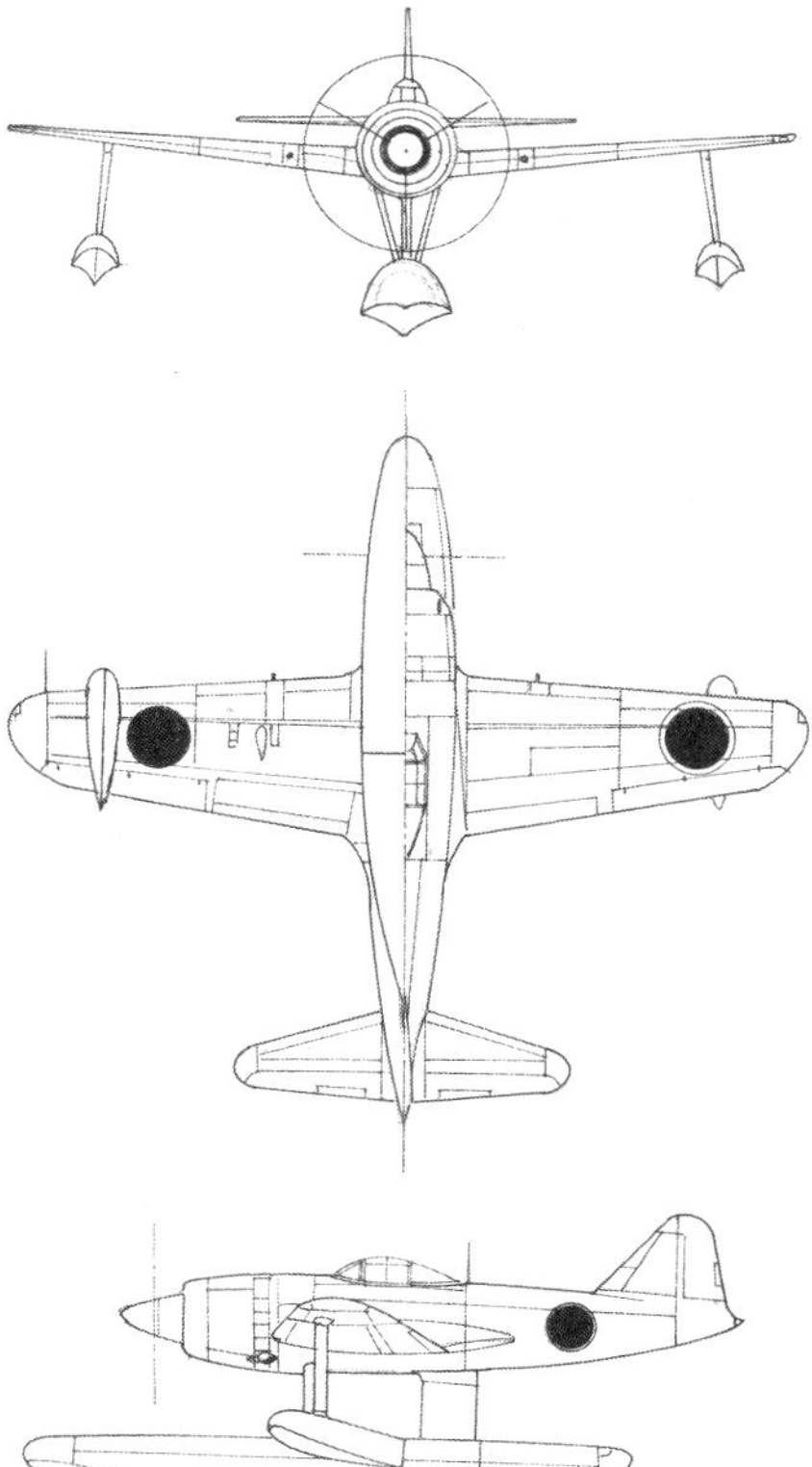

水上戦闘機「強風」

リューシャン列島のキスカ島とされている。キスカ島は滑走路を建設する場所がなく、占領後の早い段階で特設水上機母艦により二式水上戦闘機が送り込まれているのである。そして同地を襲う米爆撃機の迎撃に出撃している。ただ基地は海岸であり風浪による被害はまぬかれず、破壊される機体が多く、陸軍部隊が同島から撤退するまでの約一年間に約七〇機の二式水戦が同地に送り込まれたとされているのである。間に合わせの二式水上戦闘機の奮闘に対し、正規の水上戦闘機「強風」の出現が待ち望まれていたのであった。

しかし「強風」が実戦部隊に配備されようとした頃には、最高時速五〇〇キロに達しない性能ではもはや敵戦闘機と渡り合える状況にはなかったのであった。それでも「強風」は第一線の防空戦闘機として配備が始まったのである。最初の実戦配備はボルネオ島のバリクパパンとされている。石油産出と精製基地の防空である。ただこのときは防空戦闘と洋上偵察を兼ねた配備とされている。

水上戦闘機「強風」が唯一敵機との戦闘を交わした場所がある。ニューギニアの南西にアル諸島マイコールがある。ここには陸上基地がなく占領された一九四二年から航空戦力は水上機によってまかなわれていた。配備されたのは主に水上偵察機でオーストラリア北西方面の哨戒であるが、その後オーストラリア基地から「ボーファイタ

水上戦闘機「強風」（N1K1）

ー」双発戦闘・攻撃機が現われるようになったのだ。
これに対し日本海軍は同基地に二式水上戦闘機を配備し防空戦を展開し、相応の戦果を挙げていたが、一九四四年に入り数機の「強風」が送られたのである。さらに西方に位置するセラム諸島のアンボンにも数機の「強風」が配備された。
一九四四年一月、アンボンにニューギニアに基地を置くアメリカ陸軍のコンソリデーテッドB24爆撃機が来襲した。このとき二式水上戦闘機と「強風」が敵編隊を迎撃、「強風」の一機がB24一機を撃墜したのである。これが「強風」による唯一の撃墜戦果とされている。ただしこのときの撃墜は確実ではなく、不確実の公算が大きいとされた。
その後、「強風」は琵琶湖の大津海軍基地に配備され、防空戦闘機として待機したが、一万メートルもの高空を飛ぶB29爆撃機の迎撃は無理なことであった。やがて「強風」は存在感のないまま数十機が終戦を迎えることになったのである。

なお「強風」は開発途上でその高性能が期待され、陸上戦闘機「紫電」として新たに転用されたことはよく知られていることである。

本機の基本要目は次のとおりである。

全幅　一二・〇〇メートル
全長　一〇・五九メートル（フロートを含む）
自重　二七〇〇キロ
エンジン　三菱「火星」一三型（空冷複列星形一四気筒、最大出力一四二〇馬力）
最高速力　四八五キロ／時
上昇限度　一万五〇〇〇メートル
航続距離　一九八〇キロ
武装　二〇ミリ機銃二梃、七・七ミリ機銃二梃

7、九七式二号艦上攻撃機（B5M1）

日本海軍は一九三五年に中島飛行機社と三菱重工業社に対し、近代的な単葉の艦上攻撃機の試作を命じた。この艦上攻撃機に求められた主な要目は次のとおりであった。

イ、主翼は折り畳み式とし、そのときの最大幅は七・五メートル以内とする。
ロ、全長一〇・三メートル以内。
ハ、爆弾または魚雷の搭載量は最大八〇〇キロとする。
ニ、後方防御用に七・七ミリ機銃一梃を搭載。
ホ、最高時速は高度二〇〇〇メートルで時速三一五キロ以上。
ヘ、航続距離は二五〇キロ爆弾搭載で一七五〇キロ以上。
ト、離艦滑走距離は合成風速毎秒一三メートルで一〇〇メートル以内。
チ、搭乗員は三名とする。

この当時この仕様規模に見合う自社製のエンジンは、三菱「金星」三型および四三型以外になく、本機では空冷複列星形一四気筒の四三型が選定された。最大出力は九一〇馬力であった。一方の中島製の一号艦上攻撃機には、自社製の最大出力八三〇馬力のエンジンが搭載された。

三菱と中島の機体はいずれも海軍の提示条件をクリアした。また飛行特性も両機には差が見られなかった。ただ両機には外観的に明らかな違いがあった。中島の機体の

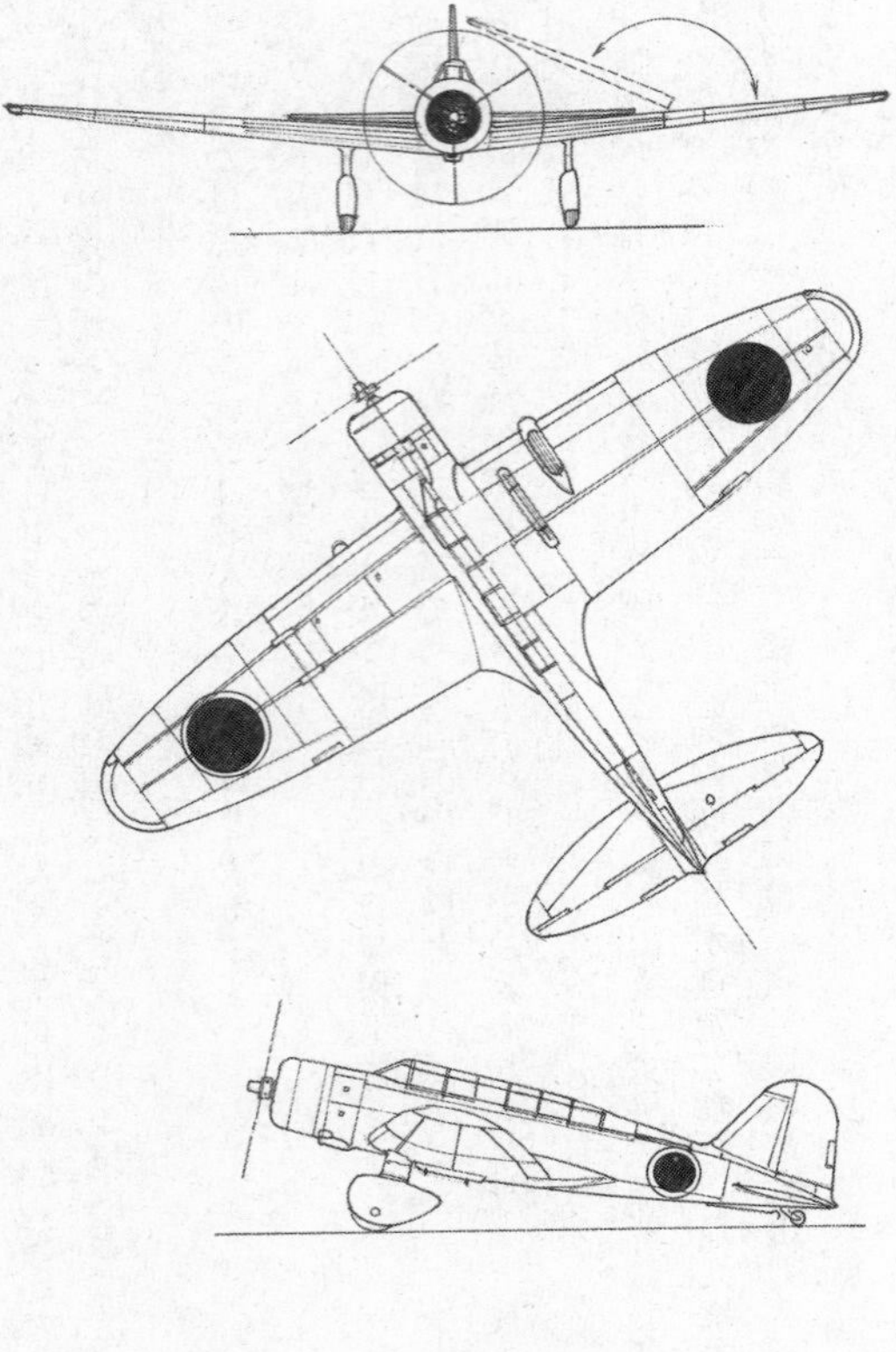

九七式二号艦上攻撃機

九七式二号艦上攻撃機（B5M1）

主脚が引き込み式を採用しているのに対し、三菱は固定脚式であった。しかしながら最高速力は両機ともに時速三七〇キロを記録し、差異は見られなかった。

ここで海軍は両機体をいずれも九七式艦上攻撃機として制式採用したのである。ただ呼称については中島製を九七式艦上攻撃機一号、三菱製を九七式艦上攻撃機二号とした。そして海軍はただちにそれぞれの量産を指示したのであるが、ここで両機に差が生じてしまったのであった。

当時、三菱航空機社は九六式艦上攻撃機と九六式陸上攻撃機の量産に忙殺されており、新たな九七式艦上攻撃機の量産体制に入ることができなかった。そこで海軍は中島飛行機社に対し量産を集中させたのである。

一方の三菱航空機社は広海軍工廠の応援を仰ぎ量

産を進めたが、ここで三菱は零式艦上戦闘機の量産命令が下り、九七式艦上攻撃機の量産をそれ以上進めることが不可能になったのである。そこで三菱では本機のそれ以上の量産を断念することになった。

本機は固定脚を付けた主翼の平面型が九九式艦上爆撃機に酷似していることで知られるが、機体の安定性が極めて優れていた。わずか一二五機の量産に終わったが各方面で好評を博し、実用機課程の練習航空隊の練習機や部隊間の連絡機として終戦時まで使われたのである。九七式二号艦上攻撃機は実戦で活躍できた可能性の大きかった機体であったといえよう。

本機の基本要目は次のとおりである。

全幅　一五・三〇メートル
全長　一〇・三二メートル
自重　二三四二キロ
エンジン　三菱「金星」四三型（空冷複列星形一四気筒、最大出力一〇七五馬力）
最高速力　三八一キロ／時
上昇限度　八二六〇メートル

航続距離　二三二五キロ
武装　七・七ミリ機銃一梃、爆弾または魚雷八〇〇キロ

8、二式陸上中間練習機（K10W1）

日本の陸海軍のパイロットは初歩練習機、中間練習機、高等練習機による課程を経た後に実用機による教習を行ない、実戦部隊に配置される手順が踏まれている。しかしなかには中間練習機で初歩・中間課程を実施する場合もあり、高等練習機に実戦部隊から引退した実戦機を使うこともみられるのである。

一九三七年（昭和十二年）頃から練習機の形態に世界的な変革が訪れた。それまでは練習機も実用機もいずれも複葉機の時代であったが、単葉機の時代に突入すると機体の高速化にともなう飛行特性の変化により飛行方法の革新が求められた。それまでに見られない新しい操縦技術や飛行方法が採用されるようになり、練習機にも相応の機能を持たせる必要が生じてきたのである。

一九三七年は日本の陸海軍航空隊にとってはまさに変革の年となった。海軍では複葉の九五式艦上戦闘機は単葉の九六式艦上戦闘機に、また複葉の九六式艦上攻撃機が単葉の九七式艦上攻撃機に改められた。そして陸軍では複葉の九五式戦闘機が単葉の

九七式戦闘機に、また複葉の九三式単発軽爆撃機が単葉の九七式軽爆撃機へと進化していたのである。

海軍はこの段階で新しい練習機の開発を進めていたが、そのなかでも力を入れたのが中間練習機の高性能化であった。試作の状況によっては中間練習機と高等練習機の課程を同じ機体で行なうことも上層部の腹案として上がっていたのであった。

海軍は一九三九年に、理想とする中間練習機の開発を渡辺鉄工所（後の九州飛行機社）に命じたのである。海軍はこのことのあるのを予測し、中間練習機の見本としてアメリカからノースアメリカンNA－16（後の有名なT－6練習機）二機を輸入したのであった。海軍は開発予定の中間練習機を十四試陸上中間作業練習機と呼称した。開発を命じられた渡辺鉄工所は購入されたNA－16の機体を徹底的に調査し、同機の飛行テストを行なった海軍から詳細な飛行データも入手したのである。そして同社は一九四〇年に新しい練習機の設計に着手、翌年四月に試作一号機を完成させたのである。

試作機のエンジンはNA－16練習機とほぼ同じ出力の中島寿二型改一（最大出力五八〇馬力）を採用した。また機体構造はNA－16の全金属製主翼と鋼管羽布張りの胴体に対し、主翼も胴体も全金属製としたのであった。

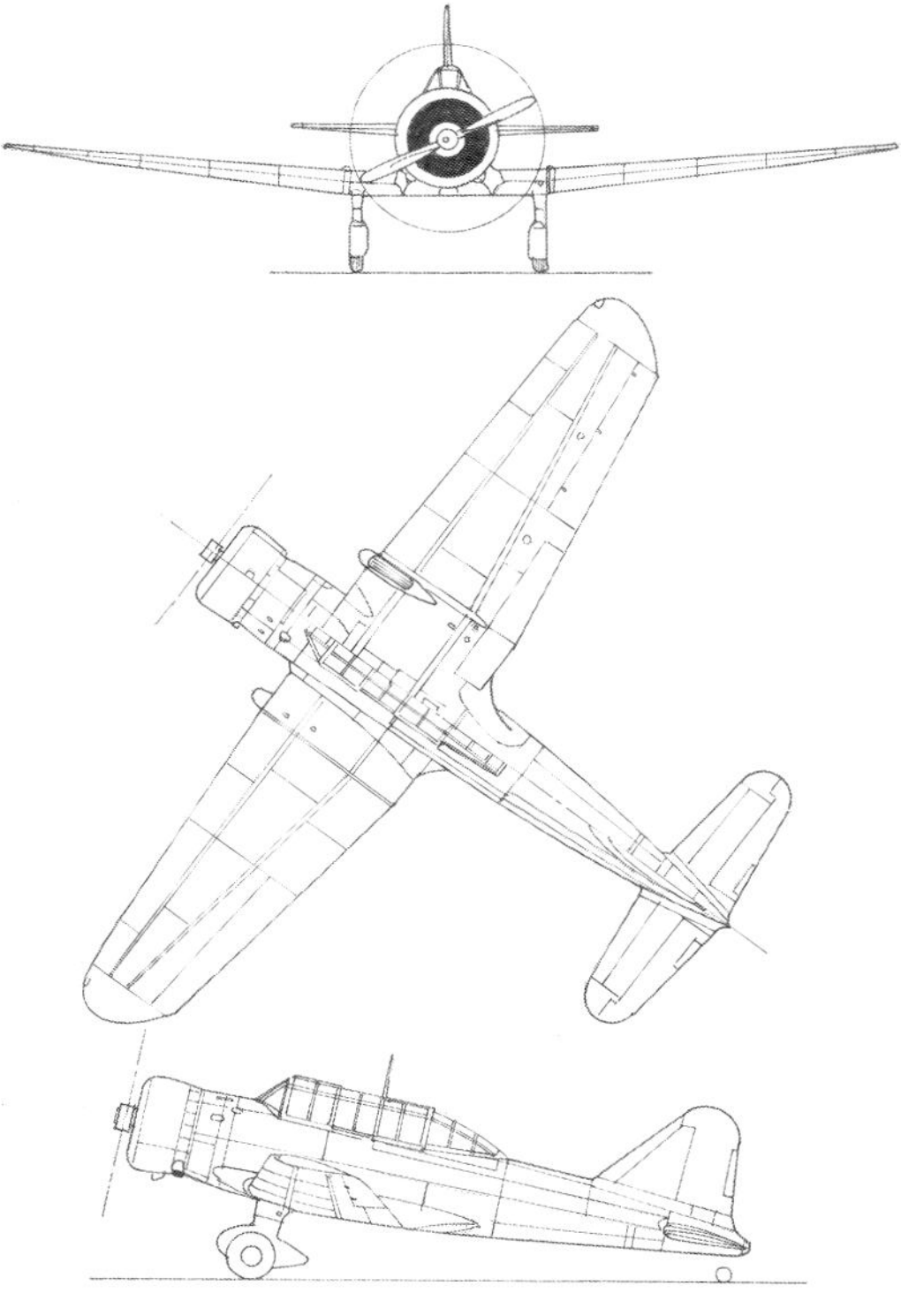

二式陸上中間練習機

二式陸上中間練習機（K10W1）

後に本機はNA-16のコピー機であるとの評判が立ったが、完成した機体はその形状も性能もまったく別のものとなっていたのである。外観は主翼形状がNA-16の前端に後退角を持った独特の姿に対し、本機は直線テーパー翼となり、水平の内翼に対し外翼には軽い上反角が付けられていた。また垂直尾翼は直進性能の向上のために尾端から前方に置かれた大型の独特の形状であった。ただし主脚は固定式となっていた。

本機は一九四三年六月に「二式中間練習機」として海軍に制式採用され、ただちに量産体制に入った。しかしわずか一七六機の生産で打ち切られたのである。

その理由は、海軍の飛行練習にあったのである。海軍はいつの頃からか初歩から中間練習機までの訓練を、一貫して使い慣れた複葉の九三式中間練習機で済ませていたのである。そして高等練習機では実戦を退役した実用機を使うのが通例となっていた。新しい二式中間練習機が組み入れられる余地がなくなっていたのだ。

本機は練習機として使われることは少なく、もっぱら部隊間の連絡などの雑用に用いられる事態となったのである。本機は高性能な練習機であったが、その特徴は活かされず、日本海軍の数ある実用機の中でも最も存在感のない機体となったのである。
本機の基本要目は次のとおりである。

全幅　一二・三六メートル
全長　八・八三メートル
自重　一四七六キロ
エンジン　中島「寿」二型改一（空冷星形九気筒、最大出力五八〇馬力）
最高速力　二八二キロ／時
上昇限度　六七七〇メートル
航続距離　八三〇キロ
武装　七・七ミリ機銃一梃

9、二式練習用飛行艇（H9A1）

日本海軍は世界に冠たる水上機・飛行艇王国の自負の下で太平洋戦争に突入した。
そして日本海軍が開発した水上機や飛行艇は、同時期のアメリカやイギリスと比較し、様々な分野で秀でた性能を示し、その実力は実戦において証明された。

日本海軍は一九三七年に艦艇と航空戦力の補充・拡充計画を立てた。このとき検討された航空戦力の中には、遠洋（渡洋）雷撃を含めた長距離侵攻作戦が可能な多数の四発大型飛行艇の整備計画があった。この壮大な計画を立案した背景には、九七式大型飛行艇の開発に成功したという自信があったのである。

そしてこの計画を実現させるには大量の飛行艇の整備と同時に、大量の飛行艇搭乗員の育成が必要であった。

一九三九年一月、海軍は愛知航空機社に対し、有事の際には洋上哨戒機として運用できる双発練習飛行艇の開発を命じたのである。愛知航空機社は当時、川西航空機社とともに日本の飛行艇開発と生産を代表するメーカーに成長していたのである。この練習飛行艇は十三試小型飛行艇と呼称された。

愛知航空機社は同年四月から十二月まで、この新しい目的の飛行艇の設計に集中し、一九四〇年初めから試作機の制作を開始したのである。試作機は三機造られたが、すべてが同年九月までに完成し飛行試験が開始された。

本機には既存の飛行艇にはない様々な特徴があった。基本型は双発飛行艇であるが、主翼の外翼には前進テーパーが付けられていた。この主翼は九七式大型飛行艇と同じく艇体とは三角とまっすぐな支柱で支持されるパラソル式が採用された。そして垂直尾翼は一枚式であった。エンジンには最大出力七八〇馬力の中島「寿」四三型が搭載された。また艇体の下部両側面と機首下面には引き込み式の車輪が装備され、海岸のスロープを利用して地上への、また水面への自力移動を可能にしていたのである。

試験飛行の結果は芳しいものとはならなかった。その大きな要因は機体の規模に対しエンジン出力が低過ぎ、飛行性能に様々な影響を与えることになったのである。その一つの悪癖が、着水時に機首上げの操作を行なうとたちまち失速し、艇体下面が水面に水平に落ちる、いわゆる「パンケーキ着水」を起こすことであった。この現象はエンジンの低馬力にもあるが、艇体の重心位置配分の設定に起因することが大きいと判断されたのであった。

その結果、エンジンの換装は実施されず、エンジン取り付け位置の変更やフラップの改良、さらには銃座の撤去などによる重量軽減が図られたが、顕著な改善効果は見られなかった。その後、主翼の左右先端をそれぞれ一・五メートル延長する改造が行なわれた結果、浮力増の効果が現われ、着水時の悪癖はようやく解消されることになった。

海軍は一九四二年に本機を「二式練習用飛行艇」として制式採用し量産体制に入ろ

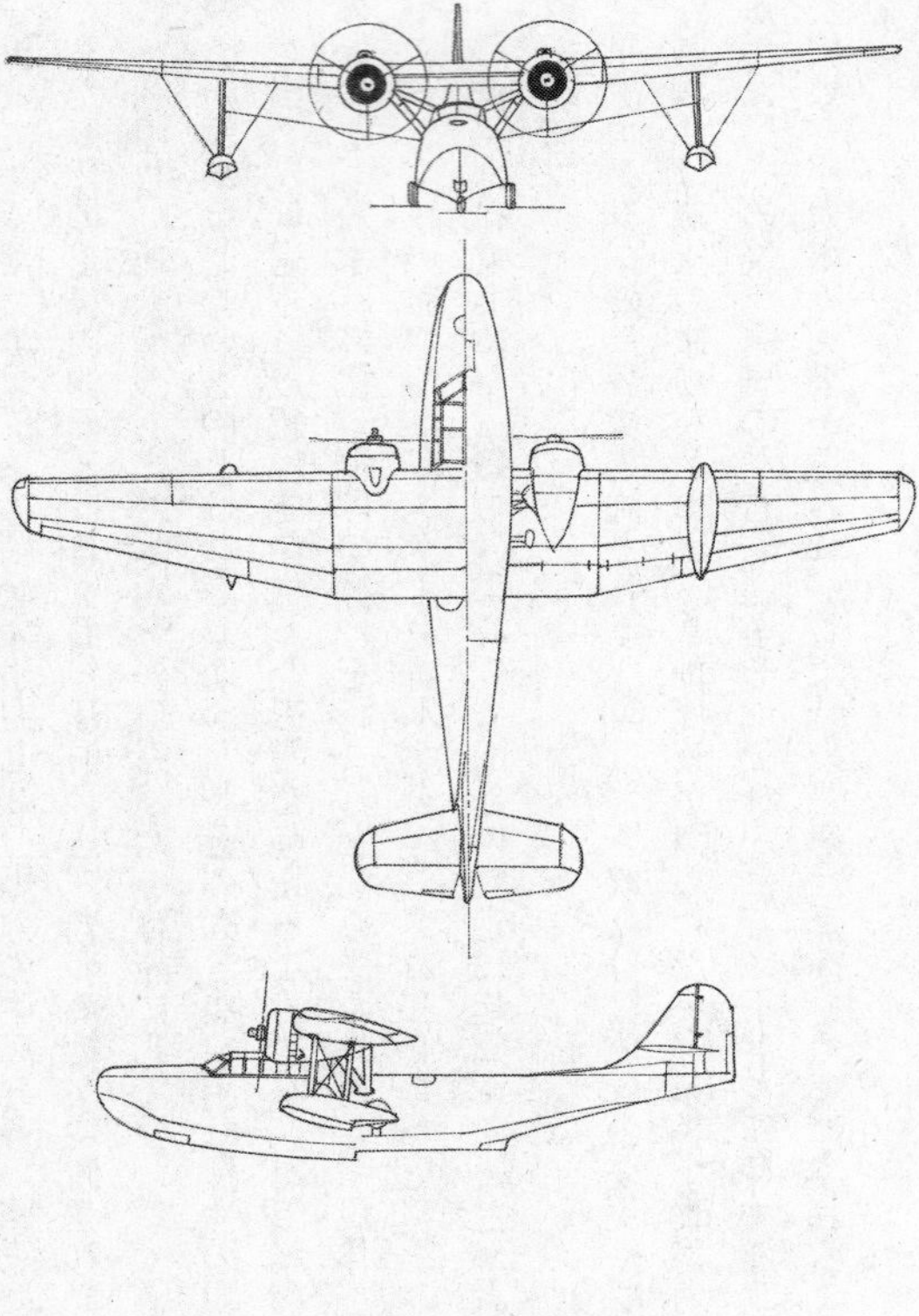

二式練習用飛行艇

うとしたが、結局二八機が生産されただけで、その後は中止されたのである。当初の構想にあった大量の飛行艇による遠距離雷撃計画は空母機動部隊の運用により改められるものとなったのだ。このために大型飛行艇の大量整備の必要性が消滅し、大量の飛行艇搭乗員の育成の必要性も失われてしまったのである。

結局わずか二八機が量産された本機は当面の運用計画もなくなり、沿岸の洋上哨戒用に転用されることになり、主翼下に爆雷を搭載して日本本土周辺の対潜哨戒任務に使われたのである。ただ戦争末期には日本海軍が新たに開発した潜水艦探知用の磁気探知装置を搭載し、対潜哨戒に効力を示すことになったのである。

なおこの磁気探知装置は戦後アメリカ海軍に持ち帰られ、改良が加えられ、対潜水艦探知システムとしてアメリカ海軍で活用されることになった。二式練習用飛行艇がこの装置で潜水艦を探知し撃沈したという記録は残されていない。

本機の基本要目は次のとおりである。

全幅　二四・〇〇メートル
全長　一六・九五メートル
自重　五一四〇キロ
エンジン　中島「寿」四三型（空冷星形九気筒、最大出力七八〇馬力）二基

最高速力　三二四キロ／時
上昇限度　六七八〇メートル
航続距離　二一五〇キロ
武装　七・七ミリ機銃二梃、爆弾五〇〇キロ

10、水上偵察機「紫雲」（E15K1）

日本海軍が高い理想のもとに開発し実用化した「紫雲」は、その思惑とは裏腹な結末を迎えた。日本海軍は仮想敵国であるアメリカ海軍に対する、主力艦隊を漸減作戦で撃滅に導くという構想には、強力な渡洋潜水艦戦隊の確立が必要であった。それは航洋性と攻撃力に優れた多数の潜水艦で潜水戦隊を編成し、この部隊を味方主力艦隊に先行して出撃させ、敵艦隊を奇襲先制攻撃で撃破し、しかる後に主力艦隊で敵艦隊を撃滅しようとする戦法であった。

海軍はこの作戦に先立ち、潜水戦隊の旗艦として大型軽巡洋艦の建造を計画したのである。この軽巡は旗艦として潜水戦隊に先行して行動し、多数の索敵機を出撃させて敵艦隊の位置を確認し、後続する潜水戦隊をこれら敵艦隊に向かわせるというのである。搭載する水上機はこれまでのような低速の機体ではなく、高速を武器とする偵

察機とした。ここで新たに開発が進められたのが十四試高速水上偵察機、後の「紫雲」であった。そして「紫雲」は本機を搭載する軽巡洋艦とともに開発が進められたのである。

建造が決まった軽巡洋艦「大淀」型は基準排水量八一六八トン、最高速力三五ノット、高速水上偵察機六機を搭載する計画であった。このために本艦は艦中央から艦尾にかけて飛行機格納庫と大型のカタパルトで占められるという独特の艦容となったのである。搭載される新型水上偵察機のためのカタパルトは大型となり、新たな製作が求められたのであった。

そして高速水上偵察機は、これまでの水上偵察機とは一線を画する「高速」という性能を必要とするだけに試作には多くの困難が付きまとったのである。開発を命じられたのは水上機の名門川西航空機社で、一九三九年七月に設計がスタートした。そして本機に求められた高速力を確保するために、最大出力一六八〇馬力の三菱「火星」二四型エンジンが選定された。

本機には高速機であるがための様々な工夫が組み入れられたのである。強馬力エンジンの回転トルクによる機体への影響を避けるために、日本では初めての試みである二重反転式プロペラが採用された。またフロートの支柱は薄い一枚の板状とし、敵戦

水上偵察機「紫雲」

闘機の追撃を受けた場合にはフロートを切り離し、高速で退避するようになっていた。さらにその際に空気抵抗を減らすために主翼両端に配置されている補助フロートは両翼下に収納されたのである。主翼には高速機に適した層流翼断面が採用されたのであった。

本機の試作機は一九四一年十二月に完成した。高速試験飛行では時速四六七キロを記録したが、これは世界の実用水上機の中では最高速の記録となったのである。またフロートを切り離すことにより時速五五〇キロを確保することが可能で、当時のアメリカの艦上戦闘機の最高速力に優るものとされ、偵察任務は完遂できると判断されたのであった。

その後一九四二年十月に本機は追加試作機も含め海軍に納入された後、一九四三年八月に「紫雲」（「二式高速水上偵察機」という呼称もある）一一型として制式採用されたのである。しかし本機は本来の目的が特殊であるために、わずか一五機の生産で以後の量産は止められた。

「紫雲」の運用に必要な大型軽巡洋艦（後の「大淀」級軽巡洋艦）は、本来は複数の建造が計画されていたが、この作戦自体がその後消滅してしまったので僚艦の建造は見送られてしまった。

水上偵察機「紫雲」(E15K1)

本機は優れた性能は示したが、大きな欠陥があることがその後判明しているのである。その最たるものは緊急時のフロート投下方式の作動不良であった。フロートの切り離しに際してはフロート支柱の前後二ヵ所の固定装置で行なわれるのだが、その方法は前方固定装置をパイロットが手動で解除し、その後は風力により自動的に後方の固定装置が外れる仕組みになっていたのである。その装置が正常に機能しないことが明らかとなっているのである。また両翼端の補助フロートの主翼への収納も十分に作動しないことが認められているのであった。

なお「紫雲」は既存の水上機に比較して重量が大きいために、これまでの艦載カタパルトでの発進は不可能となり、建造される大型軽巡洋艦には専用の大型カタパルトが開発されていた。しかし本機を使う構想の消滅とともにこのカタパルトが実戦で使用されることはなかったのである。
本機の基本要目は次のとおりである。
全幅　一四・〇〇メートル
全長　一一・六〇メートル
自重　三一九四キロ
エンジン　三菱「火星」二四型（空冷複列星形一四気筒、最大出力一六八〇馬力）
最高速力　四七〇キロ／時（フロート離脱時、五五〇キロ／時）
上昇限度　九八三〇メートル
航続距離　三三七〇キロ（最大）
武装　七・七ミリ機銃一梃、爆弾一二〇キロ

11、陸上哨戒機「東海」（Q1W1）

「東海」は太平洋戦争の開戦後に開発を行ない終戦までに実用化された数少ない軍用機の一つである。こうした機体に十七試艦上偵察機「彩雲」がある。

日本海軍は一九四二年七月に陸上を基地とする対潜哨戒機の開発を検討し、同年九

月に渡辺鉄工所(一九四三年より九州飛行機と改称)にその開発を命じた。同社はただちに設計に着手、早くも翌年十二月に試作機を完成させた。

「東海」の運用目的は日本本土周辺海域で行動する敵潜水艦の探知と攻撃で、当初の探知方法は目視が主体であった。そして攻撃方法は爆雷投下と緩急降下による爆撃であった。

九州飛行機社は本機に長時間飛行と稼働率向上をもたらすために、また整備の簡易化を配慮し、あえて低馬力エンジン搭載の双発機としたのであった。乗員の機内での意思疎通を図り、機首付近に設置したコクピットに搭乗員三名を集中配置している。操縦士と航法士は並列に座り、その背後に偵察員(機銃手を兼務)の席を設けた。そして操縦士と航法士の足もとは大きなガラス張りとして前下方の広大な視界を確保し、目視での敵潜水艦の発見を容易にしたのである。

本機は対潜攻撃では胴体下に最大五〇〇キロまでの爆弾または爆雷の搭載が可能であった。爆撃に際しては暖急降下が実施され、そのときは主翼下のスロッテッドフラップを下げてダイブブレーキとし、急降下速度が最大時速三一五キロに制限できるようにしたのである。

試作機は九機が製作され、各種試験の後、一九四四年四月より量産に入った。その

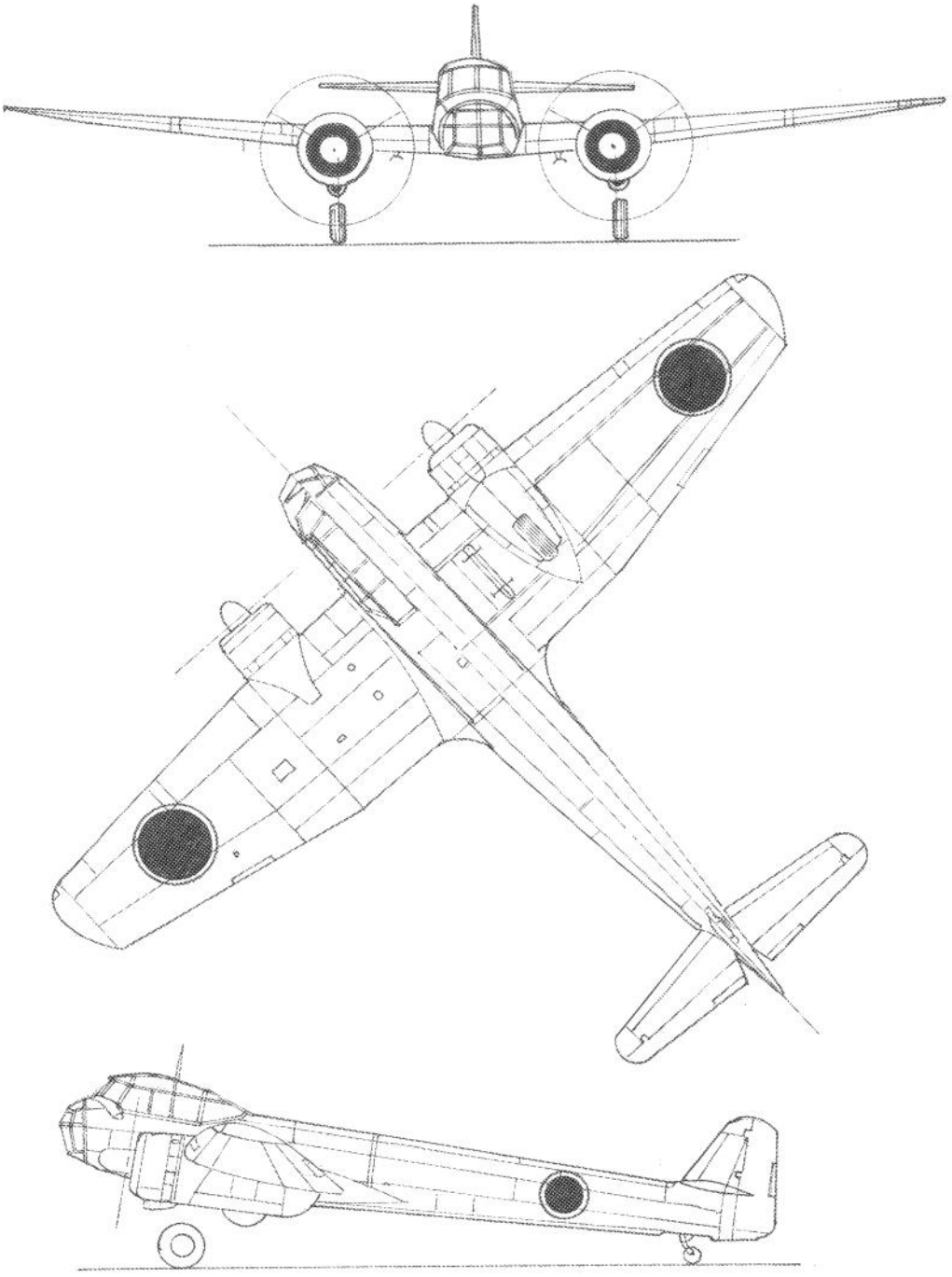

陸上哨戒機「東海」

陸上哨戒機「東海」（Q1W1）

後、本機には日本海軍の独自開発となる磁気探知装置を搭載し、機首下面には二〇ミリ機銃一梃が装備されたのであった。本機の海軍での制式採用は一九四五年一月となっており、このとき「東海」の呼称が付けられたのであった。

「東海」は終戦までに一五三機が製作され、海上護衛総司令部の指揮下で日本本土周辺海域の対潜哨戒を展開することになった。本機が配備されたのは千葉県館山基地と対馬海峡の済州島の対潜哨戒飛行隊であったが、配備・可動機数が少なく、また低馬力のエンジンが仇となり敏捷な飛行ができず、敵潜水艦の撃沈記録はなく、むしろ行動中にアメリカ海軍哨戒機などの攻撃を受け撃墜される事例が見られ、十分な活動はできずに終わっているのである。

「東海」はアメリカ海軍の対潜哨戒機ロッキードPVやP2Vなどと比べても、格段に劣った性能の機体であった。日本海軍の対潜哨戒に対する認識と姿勢を証明したような機体となったのである。

本機の基本要目は次のとおりである。

全幅　一六・〇〇メートル
全長　一二・〇九メートル
自重　三〇五〇キロ
エンジン　日立「天風」三一型（空冷星形九気筒、最大出力六一〇馬力）二基
最高速力　三三三キロ／時
上昇限度　六〇〇〇メートル
航続距離　一六五〇キロ
武装　二〇ミリ機銃一梃、七・七ミリ機銃一梃、爆弾等五〇〇キロ

第2章　アメリカの不運な軍用機

1、ブリュースターF2A「バッファロー」艦上戦闘機

一九三五年にアメリカ海軍はF3Fに代わる次期艦上戦闘機開発の準備に入った。この時点でアメリカ海軍の次期艦上戦闘機の候補にあがっていたのは、ブリュースター社のXF2Aとグラマン社が提示していたXF4Fであった。

両機はいずれも単葉引き込み脚式の戦闘機であり、ブリュースター社のXF2Aは太くて短い胴体で、グラマン社のXF4Fも同社の複葉単座F3Fを単葉化したような、XF2Aに似たスタイルのズングリとした戦闘機であった。海軍はこの二機種の他に、当時陸軍に制式採用されていたセバスキーP－35陸上戦闘機を艦上機化したXFNも試作候補としたのである。

その後ブリュースター社のXF2Aの開発が先行し、試作機は一九三七年十二月に完成して試験飛行も順調に行なわれ、翌一九三八年六月に本機はF2A－1としてア

メリカ海軍の次期艦上戦闘機に採用されたのである。

本機の量産型は一九三八年八月に航空母艦サラトガの戦闘機隊に配属が始まった。またソ連とフィンランドとの間で小規模な紛争が勃発したが、アメリカはフィンランドに味方し、戦闘機不足の同国に対し新鋭のF2Aを四四機送り込んだのである。

アメリカ海軍は本機のさらなる性能強化を求め、これら機体をF2A－2型およびー3型として開発することをブリュースター社に命じたのであった。しかしブリュースター社はこのときベルギーとイギリス、さらにオランダから合計三〇二機の注文を受けており、同社はこの機体の生産で手いっぱいの状況にあり、新しいエンジン強化型戦闘機の開発に遅れが生じてしまったのである。

この頃グラマン社が開発した新たな艦上戦闘機XF4Fが完成し、アメリカ海軍の評価試験を受けていたが、同機がF2Aより優れた飛行性能を示したことにより、一九三九年八月にアメリカ海軍の次期艦上戦闘機として採用されたのである。

この間にもブリュースター社の輸出用F2Aの生産は続けられていたが、同社の生産能力はグラマン社に劣っていることは明らかであった。そこで海軍はエンジン強化型のF2Aの開発を待たずに、次期艦上戦闘機をグラマンF4F一機種に絞ることに決定し、本機のその後の量産と開発は中止となったのである。

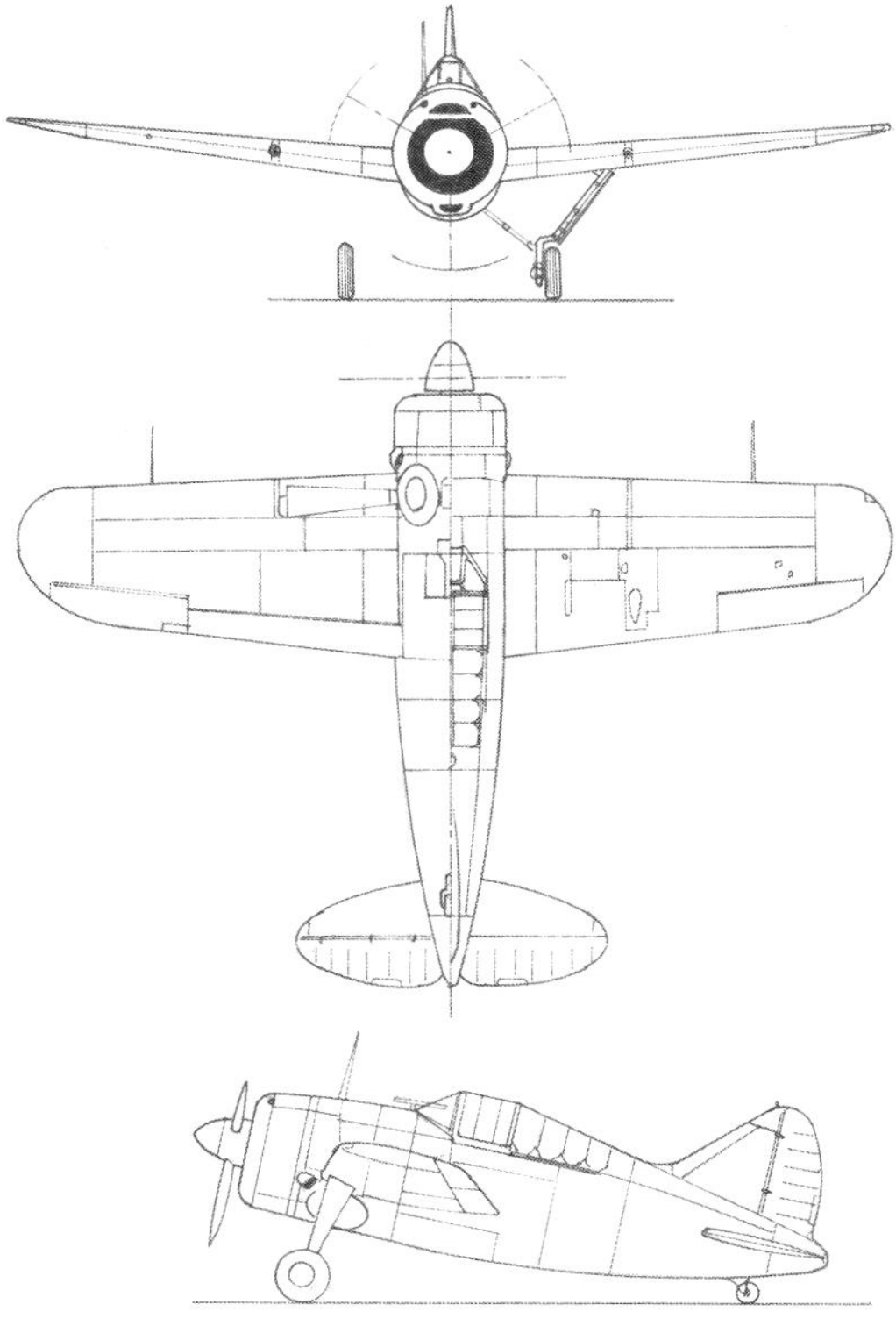

ブリュースターF2A「バッファロー」艦上戦闘機

ブリュースター社は結局、自社の生産能力の対策の遅れも手伝い、量産命令が出ていたF2Aを失うことになったのであった。

ここでF2Aの性能はF4Fに比較し格段に上であったわけではなく、両機種が相並んでその後の実戦に投入されたとき、F2AがF4Fより優れた戦闘機であったという保証は何もないのだ。しかしその後の両機を見ると、結局はF4Fに分があったと判断される可能性は十分だったのであろう。

アメリカ海軍でのF2Aの活躍は空母戦闘機隊の二個飛行隊だけで、それも一個飛行隊は太平洋戦争勃発後にミッドウェー島守備用に送り込まれていたが、同島攻撃に現われた日本の零式艦上戦闘機の前に手も足も出せないまま全滅しているのである。

また、オランダ、イギリスに送り込まれたF2Aはジャワ島とマレー半島で零戦や「隼」と対峙したが、性能には格段の差があり壊滅状態に終わっている。ただフィンランド空軍に渡ったF2Aは少数ながらソ連空軍の戦闘機に果敢な空戦を挑み、想定外の戦果を挙げており、エースパイロットも生み出しているのである。

本機はアメリカ海軍最初の先進的な単葉艦上戦闘機として登場はしたものの、その後のブリュースター社の対応の遅れから、第一線機として活躍する機会を失った機体なのである。

ブリュースターF2A「バッファロー」艦上戦闘機

F2A「バッファロー」戦闘機は日本でも見ることができた。太平洋戦争劈頭のジャワ・マレー攻略作戦で日本軍は飛行可能な敵の機体を、本機を含め多数鹵獲した。そして修理の後、これら飛行可能な機体は空輸で日本に送り込まれたのである。そして陸軍航空本部飛行実験部などで様々な評価試験を受けた後、戦意高揚のために東京都内の数ヵ所（羽田飛行場や多摩川遊園地など）で公開されたのであった。

このとき展示された機体には他に、ホーカー「ハリケーン」戦闘機、カーチスP40戦闘機、ダグラスA20爆撃機、ロッキード「ハドソン」哨戒機などがあった。

本機（F2A－1）の基本要目は次のとおりである。

全幅　一〇・六七メートル

全長　七・九二メートル
自重　一七一六キロ
エンジン　ライトR－1820－32（空冷星形九気筒、最大出力九五〇馬力）
最高速力　四八四キロ／時
上昇限度　九三〇〇メートル
航続距離　二四八六キロ
武装　一二・七ミリ機関銃三梃、七・六二ミリ機関銃一梃

2、ベルP39「エアラコブラ」戦闘機

P39の試作機の登場は一九三九年四月であった。本機が出現したとき、その斬新な姿に世界の航空界は驚かされたのである。日本でもその洗練されたスマートな写真が当時の航空雑誌のグラビアページをにぎわした。

エンジンを機体の重心点に近い胴体の中央部に配置し、そこから延長軸によって機首のプロペラを回転させるという構想は、当時の航空界の一つの理想であったが、実現するには時期尚早として誰も手を出さなかったのである。

最大重量のエンジンを機体中心部に置くのは、機体の慣性モーメントの低減と運動

性の向上を図るには好都合であり、また胴体の最大断面積が機体の中心にあるのは空気抵抗の減少にも効果的と考えられていたのだ。

さらにエンジンを機体の中心に配置することによりメリットが生じるのである。それは何も邪魔するもののない機首に、多くの武装を施すことができるのである。また単発機であっても離着陸が容易な機首に車輪を配備した三車輪式の降着方式の採用が可能となったことである。

こうして本機は胴体中心部に液冷エンジンを配置し、操縦席下にエンジン回転軸の延長軸を設置して機首のプロペラを回転させ、三車輪方式を採用したのである。またエンジン冷却液の冷却装置は突起構造にならないように両主翼の胴体付け根付近に配置し、機体の空気抵抗の削減を図ったのである。

本機の特徴として操縦席への出入り方法があった。風防の上を開閉する方式ではなく、操縦席の両側に自動車のようなドアを設けて、そこから出入りしたのである。

一九四〇年九月には量産型の試作機ＹＰ39が現われ、アメリカ陸軍はその試験成績の結果から、ただちに本機の量産を決定したのであった。

量産型はＤ型が中心で合計一四〇〇機も生産され、そのうちの多くが単座戦闘機が絶対的に不足するイギリスにも送り込まれた。また太平洋戦争勃発当時のアメリカ陸軍航空隊の主力戦闘機ともなっていた。量産型D型の武装は、プロペラ軸を通して発射する三七ミリ機関砲一門と機首に一二・七ミリ機関銃二梃、両翼に装備された二梃の七・七ミリ機関銃であった。

太平洋戦争の勃発後、その中の二個中隊がニューギニア東部のポートモレスビーに配置され、一九四二年四月以降、ラバウルに派遣された日本海軍の台南航空隊のラエ分遣隊との間で熾烈な空中戦を展開した。しかし飛行性能には歴然とした差が生じていたのである。P39の最大の特徴である機体中心への重心集中による運動性の向上は、零式艦上戦闘機の設計思想の上を行くものではなく、連日の苦戦を強いられることになったのである。

その後、P39戦闘機隊はアメリカ軍のガダルカナル上陸後は陸軍航空隊によって同島を巡る防空戦に投入され、またアリューシャン列島の防衛のためにも送り込まれている。しかし日本の零式艦上戦闘機の前にはすべての運動性能の面で劣勢を強いられ、一九四三年初めころには太平洋戦線から本機は引き揚げられているのである。

一方のヨーロッパ戦線でも、当初戦闘機の絶対的な不足から本機はイギリスへ送り込まれたが、この戦域でも本機の飛行性能はドイツ戦闘機に対し劣り、ヨーロッパ戦線から引き揚げる始末となったのである。本機の性能の悪さは本質的には機体設計に

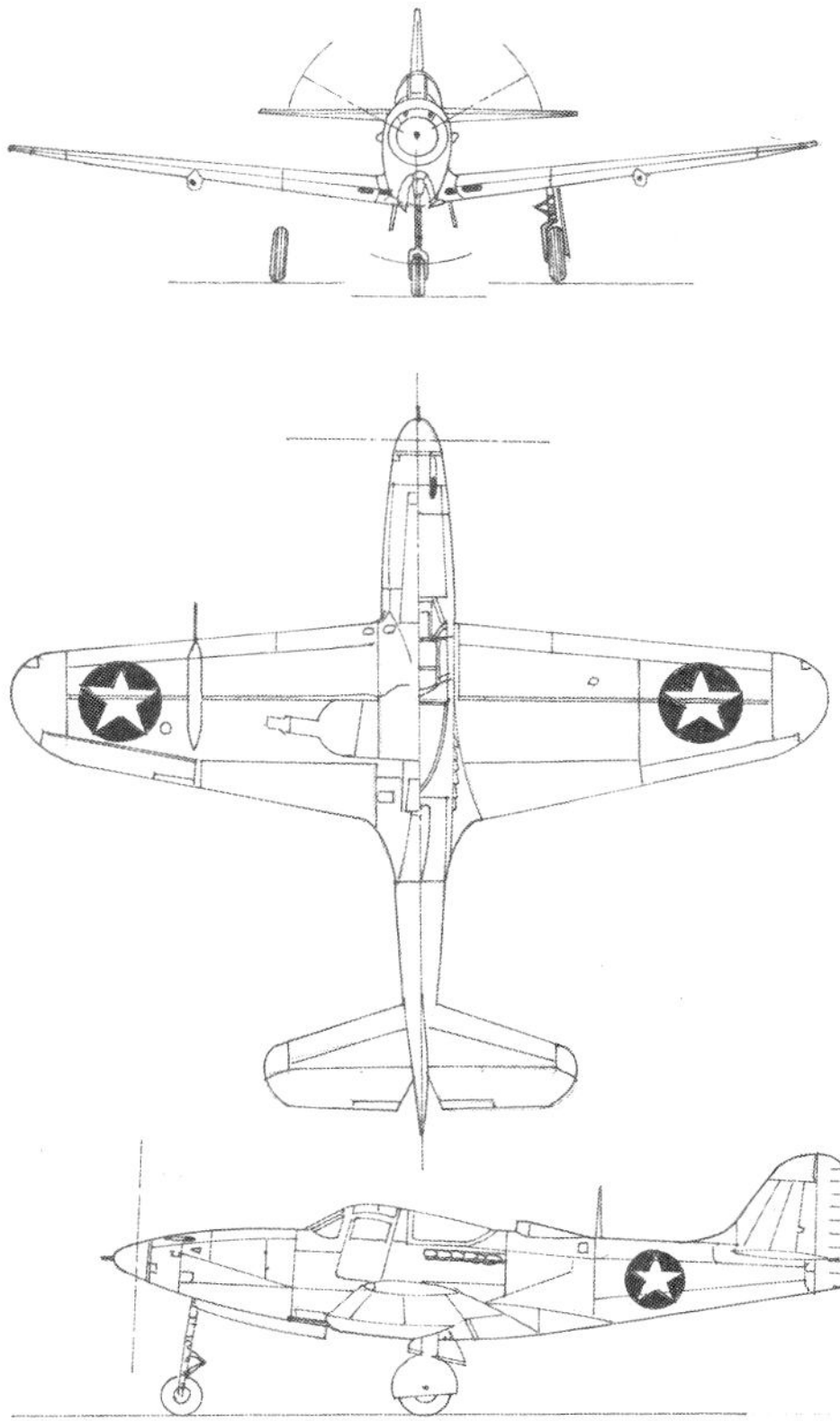

ベル P39「エアラコブラ」戦闘機

ベルP39「エアラコブラ」戦闘機

起因するものではなく、搭載されたアリソン液冷エンジンの性能不良によるものであったが、当時のアメリカには当該エンジンに代わる優れた液冷エンジンがなかったのである。その後、P39は北アフリカ戦線に送り込まれ、ここでは空中戦ではなく機首に搭載した大口径の機関砲を駆使し、地上攻撃を主として活躍の道を開いたのであった。

結局本機は終始エンジンの非力さに泣かされ続け、一九四四年八月には生産を終了することになったのだ。それでも合計九五五八機という大量生産が実施されている。じつはこの量産された機体の半数に相当する四七〇〇機以上が、対ソ連武器供与にもとづきソ連空軍に送り込まれていたのであった。本機は東部戦線で対戦闘機戦ではなく地上攻撃戦に主に投入されたのであった。

P39戦闘機の性能改善の努力は当然ながら続けら

れていたが、その中でＰ39－Ｌ型は最大出力一五二五馬力のアリソン・エンジンに換装し、最高時速六四〇キロを出す性能向上が図られたが、同じ時期に登場したリパブリックＰ47戦闘機やノースアメリカンＰ51戦闘機に比較すると見劣りし、陸軍も関心を示さなかったのだ。本機はセンセーショナルな出現とは裏腹に不遇をかこつ戦闘機となったのであった。

本機の基本要目は次のとおりである。

全幅　一〇・三六メートル
全長　九・二一メートル
自重　二八六〇キロ
エンジン　アリソンＶ－１７１０－35（液冷Ｖ形一二気筒、最大出力一一五〇馬力）
最高速力　五九二キロ／時
上昇限度　九七八〇メートル
航続距離　一七七〇キロ
武装　三七ミリ機関砲一門、一二・七ミリ機関銃二梃、七・七ミリ機関銃四梃、爆弾二五〇キロ

3、ベルP63「キングコブラ」戦闘機

本機はP39と外観が酷似しているために、P39改良型と思われることが多いが、本来はまったく異なる機体なのである。ただ設計思想がP39と同じで、「機体の重心位置にエンジンを搭載する」という基本方針で設計された戦闘機である。

P63は一九四二年六月にアメリカ陸軍より開発指示が出された戦闘機仕様にもとづいた機体である。ベル社はP39の実績と反省を踏まえ、新しい構想のもとに本機を設計したのであった。

本機がP39と異なるところは、P39をふり返ってみて運動性の向上のために主翼面積を拡大、主翼断面に層流翼理論を採用、エンジンを強化、全体を大型にして高高度性能の改良を図ったのである。ただプロペラ・シャフトを通して発射する大口径機関砲の搭載は同じであった。

設計は短時間で進み、試作機は早くも一九四二年十二月に完成した。試作機はP39と同じアリソン・エンジンの最大出力一五〇〇馬力の出力強化型を搭載し、最高時速六七四キロという高速を発揮したのであった。

本機はただちに陸軍に制式採用され、P63－Aとして量産が開始され、一九四四年

十二月までに一七二五機が量産されたのであった。

しかし本機の量産機が実戦部隊への配置準備に入ったころ、速力、飛行性能、航続距離においても各段に優れたＰ51やＰ47戦闘機がすでに出現していたのである。新たな戦闘機の登場を渇望する状況ではなくなっていた。

Ｐ63は合計三三〇五機も量産されながら、アメリカ陸軍航空隊の戦闘機として部隊配置された機体は一機もなく、二四〇〇機余りがＰ39と同じくソ連に送られて東部戦線で使われ、三〇〇機が戦後になってフランス空軍に供与されている。

そうしたなかでベル社は本機の性能向上型の開発は続けており、一九四四年にアリソン社の新しいエンジンを取り付けたＰ63－Ｄを試作した。この機体はエンジンが強化されており最高時速六九九キロを記録したが、すでに同等の高速戦闘機が登場しており、陸軍の関心を引くことはなかった。なお一九四四年に陸軍の要請により、本機に三五度の後退角翼を取り付けた機体が試作されているが、これはその後、ベル社が開発を続けた超音速試験機のテスト用として使われることになったのである。

なお本機には後日談がある。フランスは第二次大戦終結直後から始まった仏領インドシナ（現在のベトナム、ラオス、カンボジア）での独立運動に対するために、フランス陸軍部隊と空軍部隊を同地に送り込んでいる。このとき当初はスーパーマリン

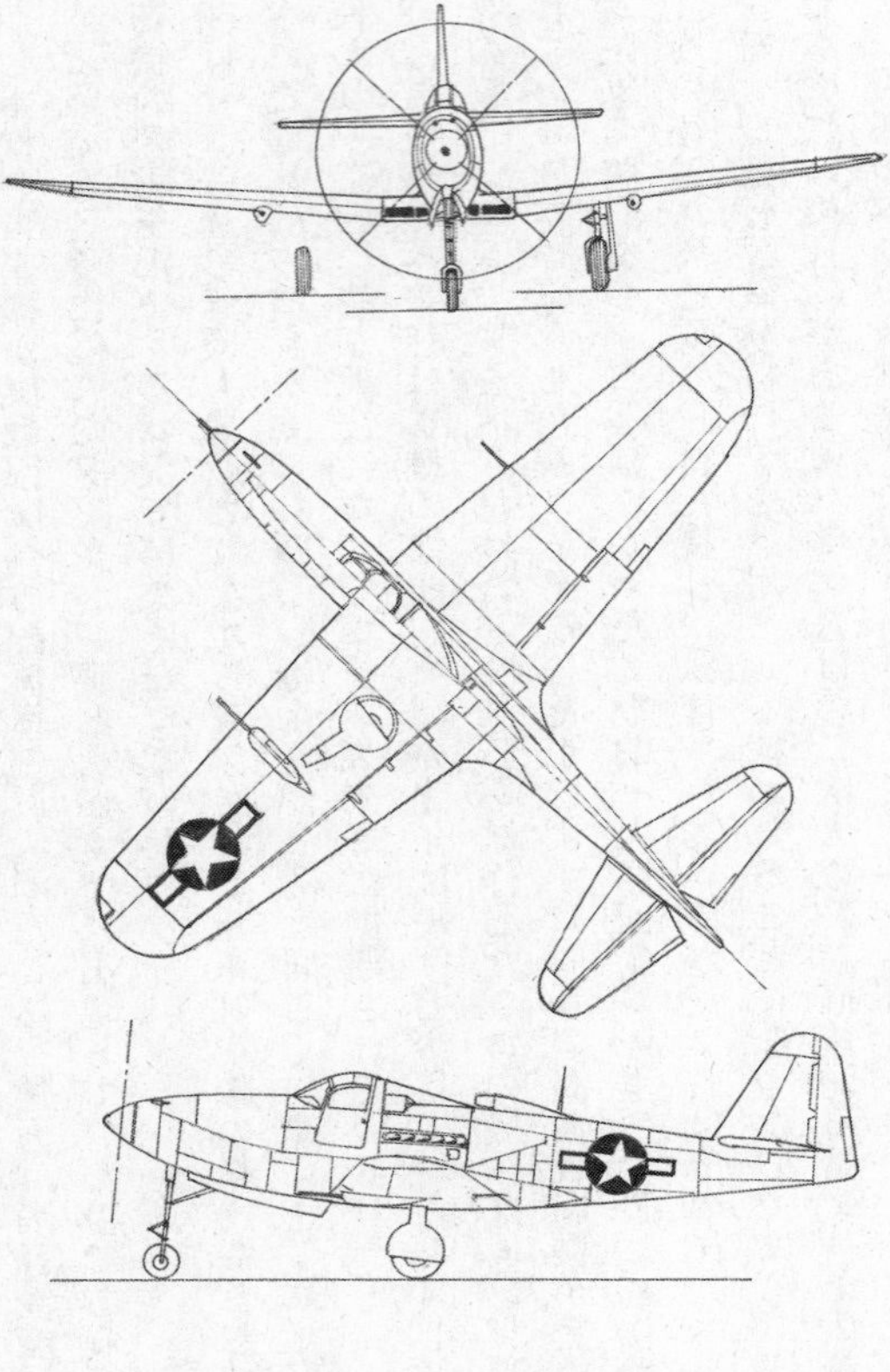

ベル P63「キングコブラ」戦闘機

ベルP63「キングコブラ」戦闘機

「スピットファイア」9型戦闘機が送り込まれたが消耗が続き、その後はアメリカから供与されたP63が大量に送り込まれたのである。本機によるゲリラ勢力に対する地上攻撃を展開したのであった。しかし打ち続く損耗と前車輪式の構造が現地の基地事情に合わず、P63の活躍は長くなく引退している。

本機の基本要目は次のとおりである。

全幅　一一・六九メートル
全長　九・九六メートル
自重　三〇八七キロ
エンジン　アリソンV－1710－93（液冷V形一二気筒、最大出力一三二五馬力）
最高速力　六五六キロ／時
上昇限度　一万三一〇〇メートル
航続距離　七二四キロ（三二〇〇キロ、増槽付

き最大）

武装　三七ミリ機関砲一門、一二・七ミリ機関銃四梃、爆弾二二五キロ

4、ダグラスTBD「デバステーター」艦上攻撃機

「デバステーター」は日本海軍の九七式艦上攻撃機とほぼ同時期に完成した、アメリカ海軍最初の全金属製の艦上攻撃機で九七艦攻の好敵手となった機体である。

全金属製、引き込み式脚、三座、単葉の本機の試作機は一九三五年四月に完成した。

本機（TBD－1型）と九七式艦上攻撃機一一型を比較すると次のとおりである。

エンジン　TBD　空冷複列星形一四気筒、最大出力九〇〇馬力

九七式　空冷星形九気筒、最大出力八三〇馬力

最高速力　TBD　三三二キロ／時

九七式　三六八キロ／時

航続距離　TBD　一一五〇キロ

九七式　二二六〇キロ

武装　TBD　七・七ミリ機関銃二梃

九七式　七・七ミリ機銃一梃

魚雷　　ＴＢＤ　Ｍｋ13魚雷（八八〇キロ）一本
　　　　九七式　九一式航空魚雷（八〇〇キロ）一本

両機は航続距離を除けばほぼ同性能の機体であることが分かる。ただこの違いは九七艦攻は燃料満載状態の数値を示すものであり、一方のＴＢＤは燃料の標準搭載量（七〇パーセント程度）を示したものである。

本機はただちに制式採用され、一九三六年二月から量産に入った。航空母艦への最初の配備は一九三七年十月で、以降四隻の航空母艦サラトガ、レキシントン、ヨークタウン、レンジャーの雷撃隊に配置されたのである。太平洋戦争の勃発時点では次期艦上攻撃機グラマンＴＢＦ「アヴェンジャー」の試作が進められていたが、艦上雷撃機としては本機以外になくそのまま実戦配備となったのであった。

開戦後からしばらくの間はアメリカ海軍空母搭載機の実戦への投入はなかったが、一九四二年五月のサンゴ海海戦が「デバステーター」の最初の実戦投入となった。このとき空母レキシントンとヨークタウンのＴＢＤ合計二二機が日本海軍の航空母艦「祥鳳」を襲い、七本の魚雷を同艦に命中させ、急降下爆撃機の直撃弾一〇発以上と合わせて同艦を撃沈したのである。ＴＢＤの初戦果であった。この攻撃での本機の損失は一機と報じられている。

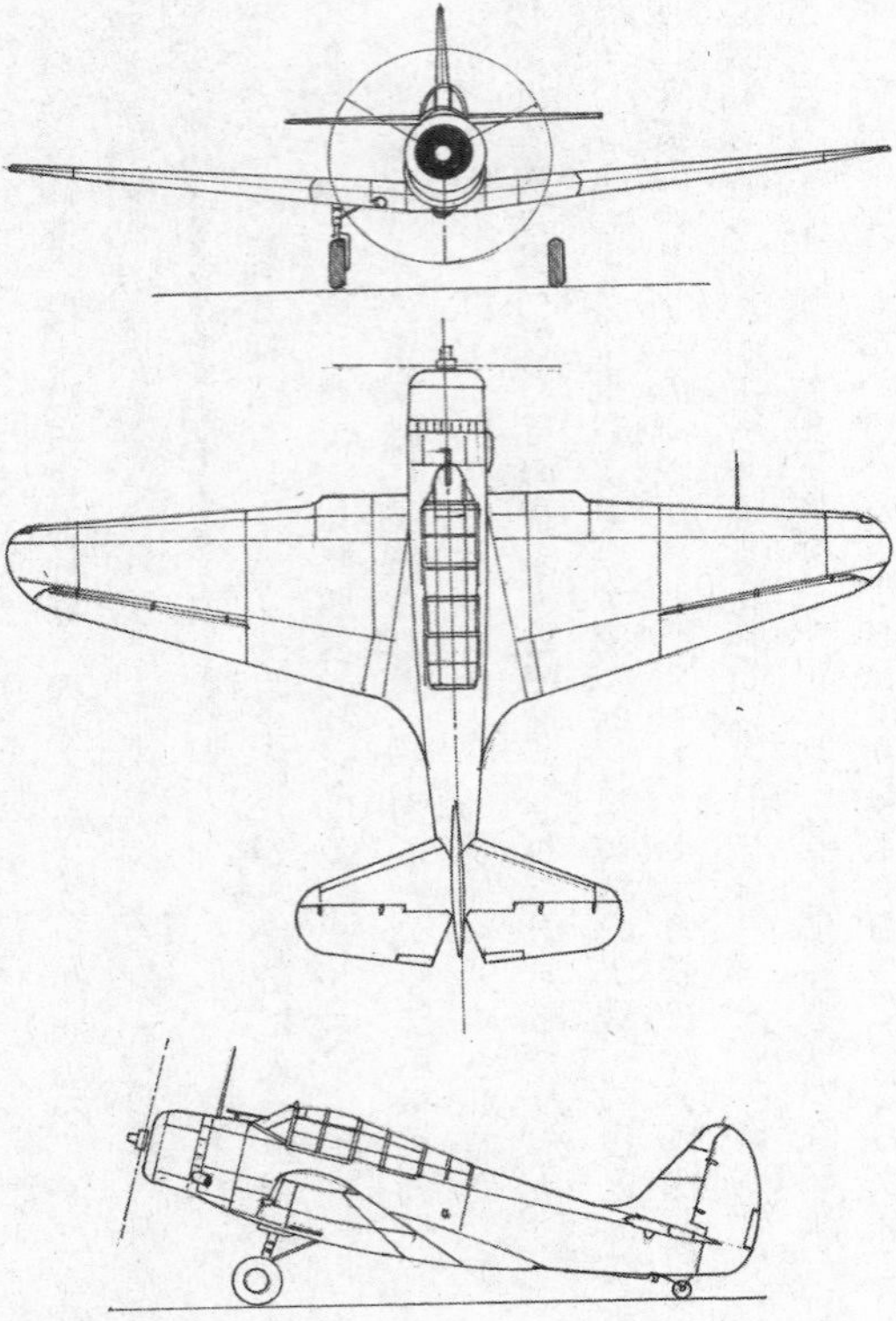

ダグラスTBD「デバステーター」艦上攻撃機

ダグラスＴＢＤ「デバステーター」艦上攻撃機

ＴＢＤの次の実戦参加は翌六月に展開されたミッドウェー海戦である。この海戦に参加した空母はエンタープライズ、ホーネット、ヨークタウンの三隻で、各艦にはそれぞれエンタープライズ一四機、ホーネット一五機、ヨークタウン一三機の合計四二機のＴＢＤが搭載されていた。

敵空母発見の報を受け、ただちに三隻の空母からＴＢＤ四〇機を出撃させたのであった。このとき雷撃隊には護衛の戦闘機は随伴していなかった。

雷撃隊は日本空母群に近づくと低空に舞い降り雷撃態勢に入ったが、上空警戒にあたっていた日本海軍の零戦の猛攻を受けたのである。その結果、三四機のＴＢＤが撃墜され、二機が帰途に被弾のために不時着（搭乗員はその後救助された）した。この攻撃でアメリカ空母部隊はＴＢＤ四〇機中三六機を失うという悲劇に見舞われたのである。

「デバステーター」の総生産機数はわずか一二九機であった。これは本機の搭載を計画していた空母が七隻であり、その後の生産は状況しだいで行なわれる方針であった。一九四二年四月段階で次期雷撃機のグラマンＴＢＦ「アヴェンジャー」の生産が開始されており、以後雷撃機は順次ＴＢＦに交換する準備に入っていたため、ＴＢＤの量産は停止したのである。

「デバステーター」は劇的な戦果と悲劇を相前後して経験することで、みずからの歴史を終えたのである。

本機の基本要目は次のとおりである。

全幅　一五・二五メートル
全長　一〇・六七メートル
自重　二八〇四キロ
エンジン　プラット＆ホイットニーＲ－１８３０－64（空冷複列星形一四気筒、最大出力九〇〇馬力）
最高速力　三三二キロ／時
上昇限度　六〇〇〇メートル
航続距離　一一五〇キロ

武装　七・七ミリ機関銃二梃、爆弾四五〇キロまたは魚雷八〇〇キロ

5、ブリュースターSB2A「バッカニア」艦上爆撃機

ブリュースター社は一九三六年四月、XSBAという全金属製の中翼単葉複座の艦上爆撃機を試作した。初飛行は順調に行なわれた。その結果はアメリカ海軍を十分に満足させるものとなり、一九三八年九月に制式採用を受け、ただちに量産を命じられたのであった。

しかし当時のブリュースター社は大量生産の能力を持っておらず、わずか三〇機を製作するだけで混乱を起こす状態だったのである。これをみて海軍はSBAの量産を中止し、さらなる性能向上型の艦上爆撃機の開発をブリュースター社に命じ、その間に工場の量産体制の整備も指示したのであった。

ブリュースター社は一九四一年六月、新しい艦上爆撃機XSB2Aを完成させて、海軍に制式採用され量産体制に入ったのである。

SB2Aは中翼式の機体で胴体下には爆弾倉が設けられ、四五〇キロの爆弾を搭載した。主脚は内側引き込み式の長めの脚柱となっていた。エンジンには空冷ライト社のR－2600－8サイクロンが装備されたが、このエンジンは本機のライバルとな

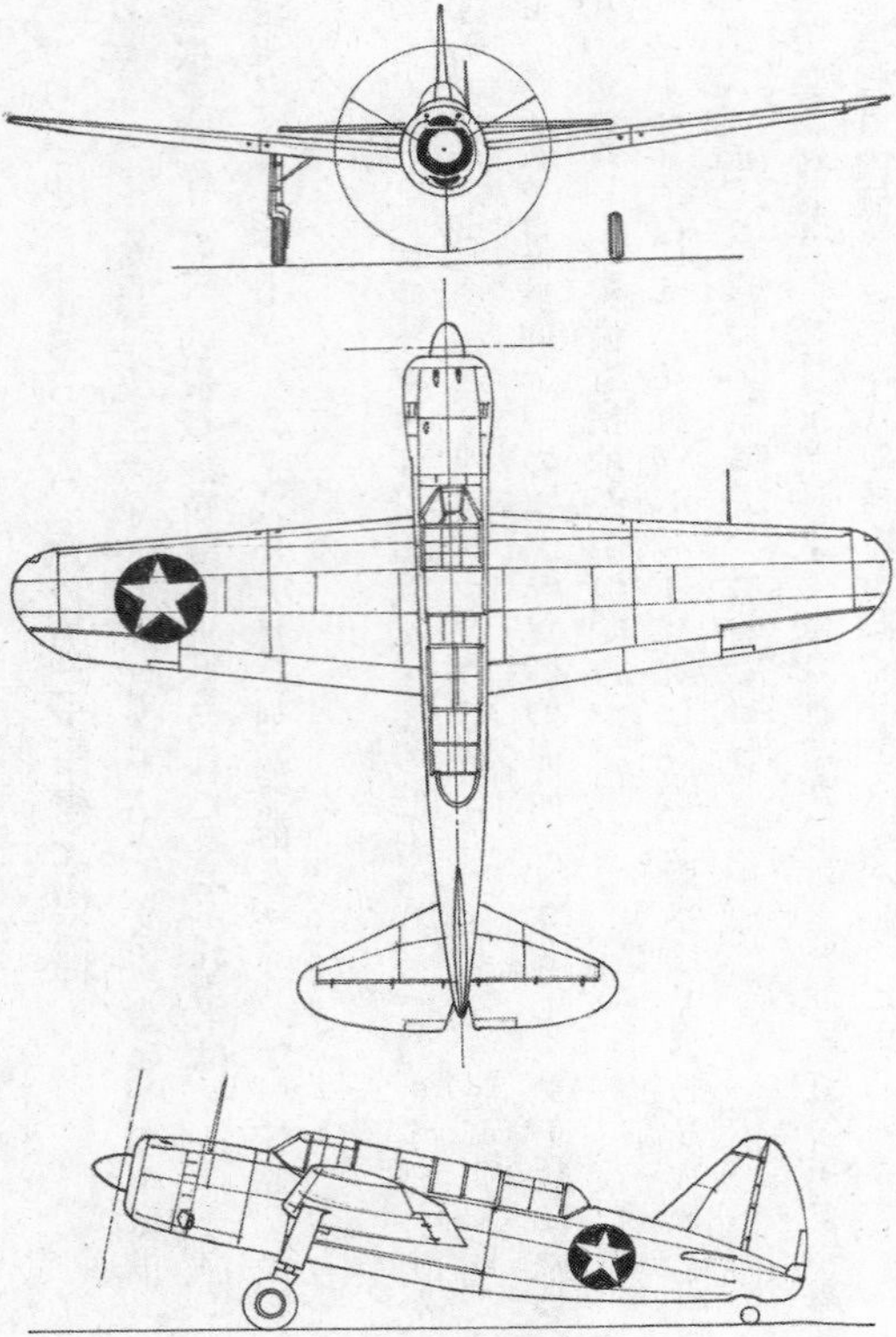

ブリュースター SB2A「バッカニア」艦上爆撃機

ったカーチスSB2Cと同じであった。

本機は海軍より初期量産型として一四〇機の生産命令を受けたが、同社は量産体制の準備も整えていたために、本機を輸出用の急降下爆撃機としても売り込む計画を持っていた。そしてイギリスから七五〇機、オランダから一六二機の注文も取りつけたのである。同社は早くも本機合計一〇五二機の注文を受けたのであるが、ここで再びつまずいたのである。

量産型のSB2Aには「バッカニア」（カリブ海の海賊）の愛称が付けられた。量産が開始された段階で海軍は本機の防弾対策の強化を命じたのである。海軍は本機の操縦席や燃料タンク周辺の防弾に弱点があることを指摘したのである。これに対しブリュースター社は要求位置への防弾鋼板の増設などを施したが、その結果が一・三トンの重量過多となり本機の性能を低下させてしまったのである。

この性能低下は海軍のSB2Aに対する興味を一気に失わせる結果となったのだ。当時すでに次期艦上爆撃機としてダグラスSBDやカーチスSB2Cが完成しており、海軍はこの二機種の方がSB2Aより高性能であり、あえて本機を配備する考えも薄れていたのである。

海軍の本機に対する姿勢はイギリスにも影響し、注文された七五〇機は四六八機に

ブリュースターSB2A「バッカニア」艦上爆撃機

削減された。またオランダ発注分の一六二機は、生産が完了し送り出す直前に配備先であったオランダ領東インド（蘭印、現在のインドネシア）空軍が日本の攻撃によって壊滅し、送り先を失ったのである。そのために行き場を失った一六二機のSB2Aはアメリカ海軍に引き取られ、艦上爆撃機訓練機として運用されることになったのである。

ブリュースター社にとっては期待していたSB2Aの量産中断は痛手であった。同社はその後、海軍の管理下に置かれ工場の生産設備はチャンス・ヴォート社の航空機の生産工場として運用されることになったのである。

なおイギリスに送り込まれたSB2Aはイギリス海軍でも空軍でも実用機としては運用されず、練習機などとして使われたが「バーミューダ」の呼称が付けられていた。

本機の基本要目は次のとおりである。

全幅　一四・三三メートル
全長　一一・九四メートル
自重　四四九六キロ
エンジン　ライト・サイクロンR－2600－8（空冷複列星形一四気筒、最大出力一七〇〇馬力）
最高速力　四四一キロ／時
上昇限度　七六〇〇メートル
航続距離　二七〇〇キロ
武装　一二・七ミリ機関銃二梃、七・七ミリ機関銃二梃、爆弾四五〇キロ

6、ヴォートSB2U「ヴィンディケーター」艦上爆撃機

アメリカ海軍は一九三六年の航空母艦ヨークタウンとエンタープライズの進水にともない、この両艦に搭載する新しい艦上爆撃機の開発を求めた。この要求に応じたのがグラマン、ノースロップ、カーチス、ヴォート、ブリュースター、グレートレークスの各社であった。

ヴォート社はこの要求に対しXSB2Uを提示したのである。試作機は一九三六年六月に完成し試験飛行の後に海軍は本機の採用を決め、ヴォート社に量産を命じたのである。

アメリカ海軍の艦上機の呼称にはTBDやSBCなどの記号があるが、この場合、TはTORPEDO／魚雷、つまり雷撃機を、BはBOMBER／爆撃、つまり爆撃機を意味した。そしてTBは雷撃・爆撃両用に使える、実際には攻撃機として運用する機体である。またSはSCOUT／索敵あるいは偵察を意味し、SBは爆撃・偵察両用に使えるが、実質的には急降下爆撃機である。なおDはダグラス社製、Cはカーチス社製、Uはヴォート社製を意味するのである。

SB2Uは全金属製、単葉、引き込み脚を装備する複座の機体で、試作機のエンジンは最大出力七〇〇馬力のプラット&ホイットニーR－1535－78が採用された。

本機には独創的な装備が採用されていた。それは急降下に際してのダイブブレーキにプロペラを使う方式で、プロペラピッチを可逆式として、急降下に際しては逆ピッチにする仕掛けが取り入れられていたのである。本機の試験飛行は順調に進み、一九三七年十二月には量産一号機が海軍に引き渡されている。

SB2Uが開発されるとフランスがこれに注目し、早くもヴォート社に発注を行なったのであった。フランス海軍は当時、戦艦を改造した航空母艦ベアルンを完成しており、これに搭載する艦上爆撃機として本機を選んだのである。そして第二次大戦勃発前に数機のSB2Uがフランスに到着している。ちなみにヴィンディケーターとは擁護者の意味である。

SB2Uの主力生産型は2型と3型であるが、いずれもエンジンを七五〇馬力に若干強化したものに換装されている。また3型は航続距離を延長した海兵隊航空隊向けの陸上機型であった。

2型は太平洋戦争勃発当時、空母ワスプとレンジャーの艦上爆撃機として搭載されており、搭載機数はワスプが一八機、レンジャーが二五機とされている。3型は戦争勃発直後にミッドウェー島防衛用に同島駐留の海兵隊航空隊に少数機が送り込まれている。この機体は後のミッドウェー海戦において数機が日本海軍艦隊の攻撃に出撃したが、その中の一機が重巡洋艦「三隈」の第四砲塔に突入したとされている。この行為は被害を受けて帰還不可能と判断した同機のパイロットが魚雷を搭載したまま突入したもので、後に同パイロットはアメリカ軍の最高勲章（MEDAL OF HONOR）を授けられている。

SB2Uはイギリス海軍にも数十機が送り込まれているが、実戦で運用したことは

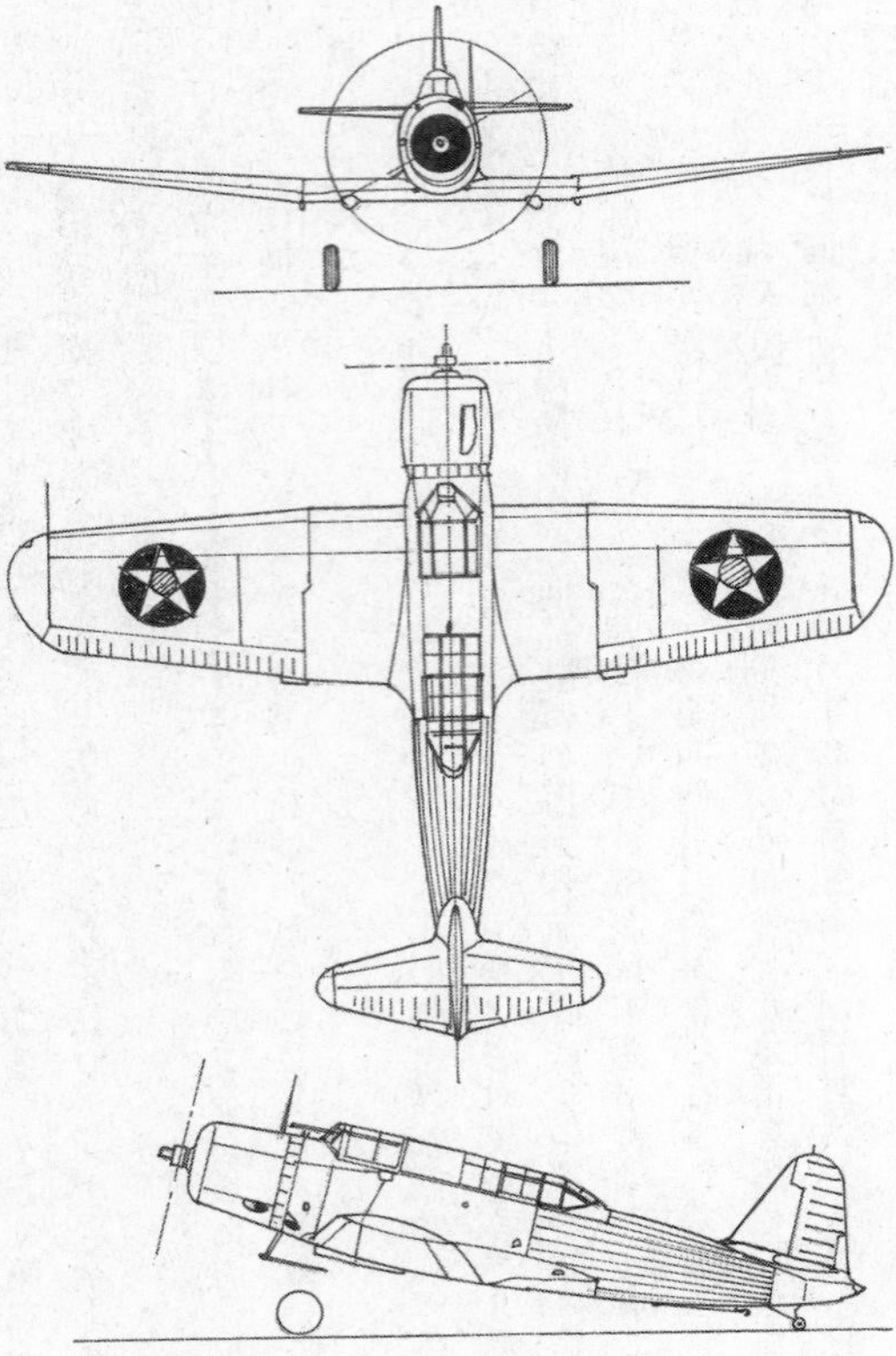

ヴォートSB2U「ヴィンディケーター」艦上爆撃機

ヴォートSB2U「ヴィンディケーター」艦上攻撃機

なく練習機として使われただけであった。

本機は一九四二年二月頃には新鋭の艦上爆撃機ダグラスSBDに置き換えられてしまった。本機の総生産数は二一九機とされている。

本機の基本要目は次のとおりである。

全幅　一二・八〇メートル
全長　一〇・三四メートル
自重　二五五五キロ
エンジン　プラット&ホイットニーR－1535－96（空冷複列星形一四気筒、最大出力七五〇馬力）
最高速力　三九二キロ／時
上昇限度　七二〇〇メートル
航続距離　一八〇〇キロ
武装　一二・七ミリ機関銃二梃、七・七ミリ機関銃一梃　爆弾四五〇キロ

7、ヴォートTBY「シーウルフ」艦上攻撃機

本機はアメリカ海軍空母部隊の艦上攻撃機の主力となったグラマンTBF「アヴェンジャー」の上を行く機体として期待され制式採用されたが、なぜか実戦に投入されることがなかったのである。その理由は本機の生産の大幅な遅れであった。

遅延の最大の原因は、本機が搭載した最大出力二〇〇〇馬力のプラット&ホイットニーR－2800－20エンジンが他の主力戦闘機や爆撃機用として優先的に供給され、本機への配分が大幅に遅れたことであった。また、開発したヴォート社がF4U艦上戦闘機の量産に忙殺され、本機の量産がコンヴェア社に移管されることになり、その生産準備が大幅に遅れたこととも重なった。

これは本機の機体呼称にも影響しているのである。本来はヴォート社開発であるために「TBU」と呼称されるはずであったが、コンヴェア社の量産機になったために「TBY」に変更されたのである。

同じような呼称変更はライバルのグラマンTBFでも起きている。同機の量産を開始したグラマン社はF4FとF6Fの量産に追われており、TBFまでは手が回らず、量産を自動車メーカーで著名なジェネラル・モーターズ社に移管したのである。この

ためにＴＢＦは戦争の中頃から呼称が「ＴＢＭ」（Ｍはジェネラル・モーターズ社の意味）に変更され、同時にＦ４Ｆの量産もジェネラル・モーターズ社に移管されたために、戦争後半からはＦ４Ｆ戦闘機の呼称は「ＦＭ」に改められたのである。

アメリカ海軍は一九三九年三月に当時の艦上攻撃機の主力であったダグラスＴＢＤの後継機の開発を進めていた。海軍が提示した次期艦上攻撃機の基本要求は、最高時速四八〇キロ以上、八〇〇キロ魚雷または爆弾を搭載時の行動半径三〇〇キロ以上、胴体後部上下に旋回機銃を配備する、搭乗員三名などとなっていた。

この要求に対し一三社の航空機メーカーが応募したのである。そして設計計画書や図面審査の結果、グラマン社とヴォート社が試作命令を受けた。

その後、グラマン社は一九四一年八月に早くも試作機ＸＴＢＦを完成させ、一方のヴォート社は四ヵ月遅れの十二月に試作機ＸＴＢＵを完成させた。

両社の機体の胴体構造や配置は酷似していたが、主翼の形状に大きな差があった。ヴォート社の機体の主翼は全幅一七メートルという幅広で、主翼前端は直線で後端には前進テーパーが付いた長距離飛行に適した主翼になっていた。一方のグラマン社の機体は二段テーパー式の主翼となっていた。また両機体ともに三座のために長いフードが設置され、内部には三名の搭乗員が乗り込み、その後端には一二・七ミリ機関銃

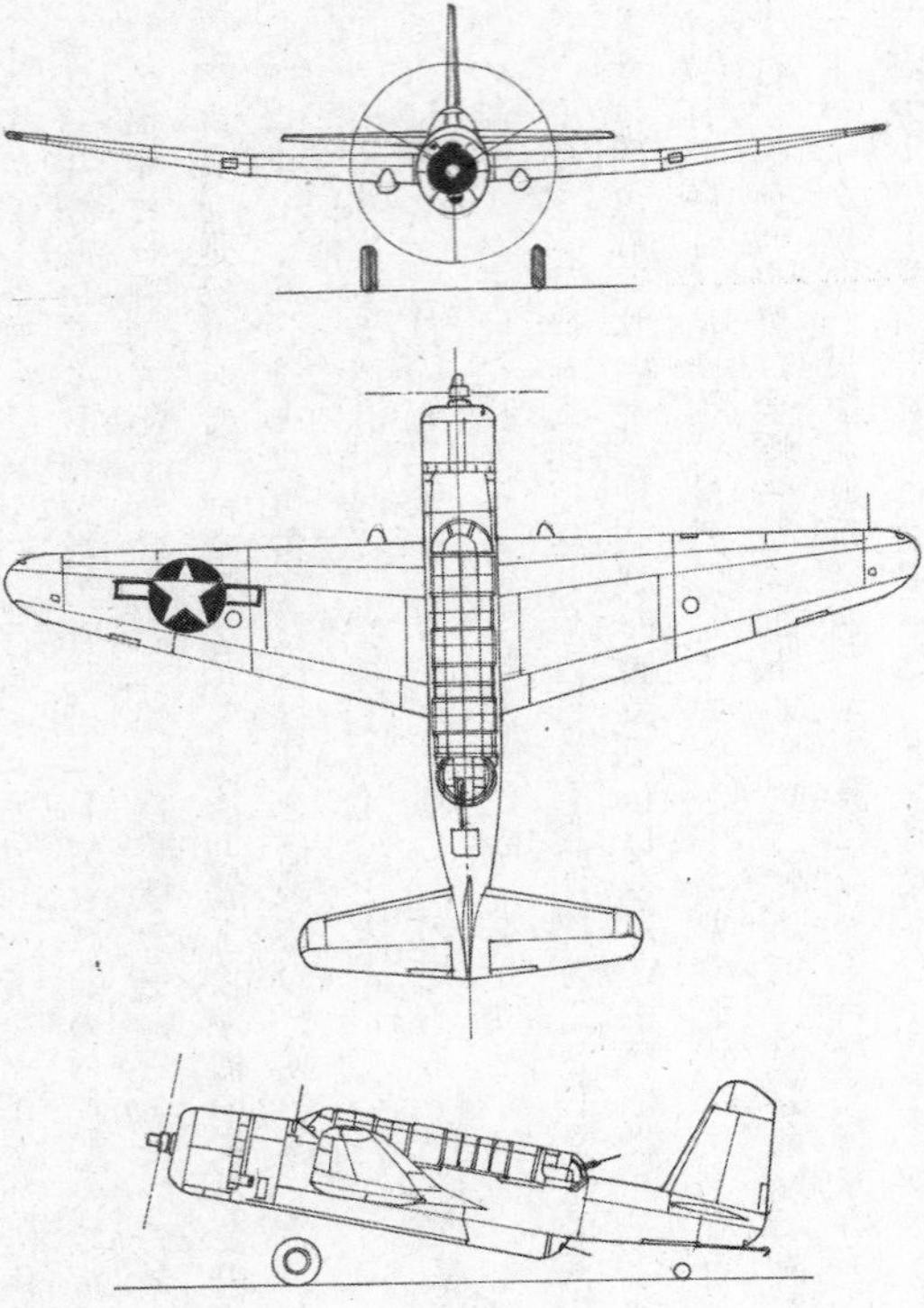

ヴォートTBY「シーウルフ」艦上攻撃機

ヴォートTBY「シーウルフ」艦上攻撃機

一梃を装備した球形の銃座があり、胴体後下方にも銃座が配置されていた。
　エンジンはXTBFが最大出力一七〇〇馬力、XTBUは最大出力二〇〇〇馬力を搭載した。その結果、XTBUの最高速力はXTBFより五〇キロ以上も早く時速五〇九キロを出したのに対し、XTBFは時速四四〇キロ台であった。しかも運動性に優れていたのである。
　しかし、結果的にはグラマン社のXTBFが次期艦上攻撃機に決定され、XTBUは予備機という位置づけで量産も一応認められたのである。そして正式に量産命令が下されたのはXTBFより一年半も遅い一九四三年秋であった。
　ヴォート社にとって不幸であったのは、XTBUが採用したエンジンは極めて優秀で、グラマンF6F、ヴォートF4U、リパブリックP47戦闘機用のエンジンとして大量生産中で、TBUに回すエンジンが完全に払底していたことであった。

米海軍はヴォート社に対し一九四三年九月に、TBUの初期量産機一一〇〇機の生産を命じたのである。しかしここでもTBUは不運に直面したのである。当時のヴォート社は艦上戦闘機F4Uの量産で手いっぱいの状態であった。このためにヴァルティー社の生産ラインを使って本機の量産を開始する予定であったが、肝心のヴァルティー社工場の量産体制の準備の遅れから、TBUの量産機が送り出されたのは戦争も末期に近づいた一九四四年十一月となっていたのである。

なおこのときTBUはコンヴェア社（コンソリデーテッド社はヴァルティー社を吸収合併し、社名をコンヴェア社と改名していた）で生産されることになっていたために、機体はコンソリデーテッド社の記号である「Y」が付加され「TBY」と呼称されることになったのである。

その後も旧ヴァルティー社の量産体制は整わず、結局本機の合計生産数は一九四五年九月までに一八〇機が完成しただけであった。海軍は一九四五年四月に完成していた機体で本機装備による雷撃隊一個飛行隊を編成したが、それ以上の部隊編成は行なわなかったのである。

ＴＢＵの飛行性能はグラマンＴＢＦに比較し格段に優れていただけに、本機の開発遅れは悔やまれるところであった。

本機の基本要目は次のとおりである。

全幅　一七・三五メートル
全長　一一・九五メートル
自重　五一五六キロ
エンジン　プラット＆ホイットニーＲ－２８００－20（空冷複列星形一八気筒、最大出力二〇〇〇馬力）
最高速力　五〇九キロ／時
上昇限度　八九六一メートル
航続距離　二三二六キロ
武装　一二・七ミリ機関銃四梃、七・七ミリ機関銃一梃、爆弾等九〇〇キロ

8、ダグラスB23「ドラゴン」爆撃機

本機を「不運な軍用機」に組み入れることに対しては異論があると思われるが、第二次世界大戦劈頭のアメリカ陸軍の事情を考えると不運であったことには間違いない

のである。

ダグラス社はアメリカ陸軍の要請を受け、一九三五年四月に全金属製双発爆撃機B18を完成させた。この機体は当時実用化が進められていた同社開発の双発輸送機、ダグラスDC2の主翼、尾翼、エンジンなどをそのまま流用し、胴体のみ爆撃機構造とした俄か仕立ての爆撃機であったが、意外に実用性が高く量産も可能と判断され、アメリカ陸軍は同機の量産を進めたのである。

B18は各型合計三五〇機という当時としては異例の大量生産が行なわれ、アメリカ陸軍航空隊の主力爆撃機となったが、第二次大戦を迎えるころには旧式機体であることは歴然としており逐次退役させていたが、太平洋戦争開戦時にはまだ第一線爆撃機としてハワイ基地やフィリピン基地に配置されていた。しかしいずれも日本軍の爆撃でほぼ全機が破壊されたのである。その後、残存機は対潜哨戒機や練習航空隊で爆撃練習機として使われていたが、一九四三年までにすべての機体が退役した。

ダグラス社はB18爆撃機の開発直後から、より近代的な双発爆撃機の開発を進めていた。この機体は開発を早めるためにB18の一部を流用し、胴体や尾翼などは再設計したのである。その規模はB18とほぼ同一であるが、各所に進歩した設計が組み入れられ、とくに胴体はスマートな形状となっていた。そして特筆すべきことは本機でア

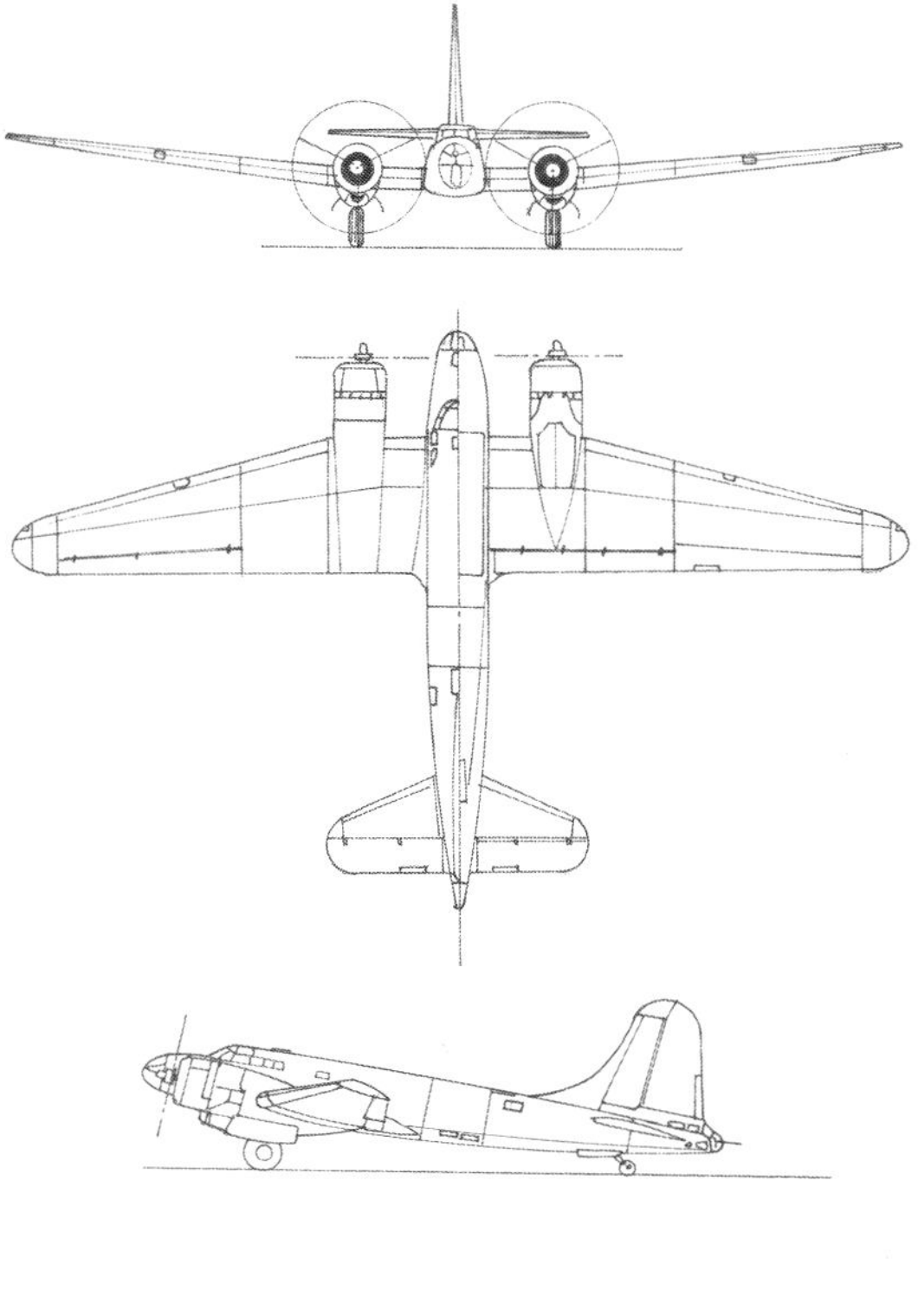

ダグラスB23「ドラゴン」爆撃機

ダグラスB23「ドラゴン」爆撃機

メリカとしては最初の尾部銃座が配備されたのである。この銃座は銃塔などの装備ではなく、視界の狭い窓から機銃手が伏姿勢で人力操作するものであった。したがって射界は限定されていた。

本機のエンジンはB18の一〇〇〇馬力二基に比べ一六〇〇馬力二基と強化され、飛行性能は各段に向上したのである。爆弾は胴体下の爆弾倉に最大一八〇〇キロの搭載が可能であった。後の双発爆撃機ノースアメリカンB25やマーチンB26と比較しても同等の搭載量であったのだ。

B23の初飛行は一九三九年七月で陸軍は本機の性能に満足し、ただちにダグラス社に量産命令を出したのである。しかし量産機三七機が送り出された時点で生産が中止されたのであった。ライバルのノースアメリカンB25とマーチンB26がより近代的な機体として登場したためである。B23は最高速度や上昇限度、飛行安定性、さらには航続距離や爆弾搭載量においてこれらライバルとは遜色のない機体であったが、古色蒼然としたB18の流れをくむ機体であるだけに、新鮮さにおいて劣っていたことは否めないのである。

B23は制式採用されながら少数生産で終わり、残された機体のほとんどは輸送機に改装され、戦争終結時までアメリカ国内の軍輸送の任務についたのである。そして飛行特性が優れていたがゆえに、戦後も民間に払い下げられた本機の多くが輸送機として活躍を続け、その中の一機は一九七〇年代まで現役で運用されていたのである。

本機の基本要目は次のとおりである。

全幅　二八・〇メートル
全長　一七・八メートル
自重　八六五九キロ
エンジン　ライト・サイクロンR－2600－3（空冷複列星形一四気筒、最大出力一六〇〇馬力）二基
最高速力　四五四キロ／時
航続距離　四三二五キロ
武装　一二・七ミリ機関銃一梃、七・七ミリ機関銃三梃、爆弾一八〇〇キロ

9、コンヴェアB32「ドミネーター」爆撃機

本機はアメリカ陸軍の要請により一九四〇年九月にコンソリデーテッド社がボーイング社とともに試作開発が命じられた長距離爆撃機である。陸軍航空本部の新型爆撃機への要求は、航続距離八〇〇〇キロ以上、最高時速六四〇キロ以上、爆弾搭載量八〇〇〇キロ、飛行作戦高度九〇〇〇メートル以上など、当時としては実現が至難な条件が揃えられていたのである。

この要求に対しボーイング社は画期的な設計による爆撃機XB29で応募し、コンソリデーテッド社はすでに開発が進んでいた手慣れたB24爆撃機の進化型で応募した。コンソリデーテッド社は気密性を重んじた胴体にB24で経験済みの双垂直尾翼を配置した機体を試作し、XB32として評価を待ったのである。しかしこの機体は双垂直尾翼に起因する直進性の不安定さが顕著となり、その後大型の一枚式の垂直尾翼に換装し再評価を受けることになった。

陸軍航空本部はそれまでのボーイング社の長距離爆撃機の開発の経験から、同社が開発するXB29を本命の爆撃機とする意向で、XB32は当初からボーイング社の機体が失敗した場合の「代打」とする計画だったようである。

しかしXB29は搭載エンジンの不調が災いしてトラブルが多発、開発に暗雲がただよい始めたが、その後の改良によりむしろ強引に同機を次期制式長距離爆撃機として量産体制に入ったのである。

一方この間のB32の開発も順調ではなかった。試作一号機は気密構造を考慮し円形断面の胴体にB24で実績のある翼幅の長いデービス翼を肩翼に配置、B24と同じく双垂直尾翼の機体として出現した。エンジンはB29と同じ最大出力二二〇〇馬力のライト・サイクロンR－3350四基を搭載した。試験飛行の結果は好ましものではなかった。双垂直尾翼が直進性と旋回性に悪影響をあたえたのである。同社はただちに垂直尾翼を大型の一枚翼に交換し試験飛行を継続したのである。

なおこのとき装備した垂直尾翼は量産の準備段階にあったB29の垂直尾翼を取り付けていた。しかしそれでも直進安定性に不安があり、垂直尾翼はさらに背の高い大型のものに交換された。その結果、直進安定性と旋回性の悪癖は改善されたが、このために本機の垂直尾翼は極めて特徴のある背の高い一枚式となったのである。

本機の特徴の一つに爆弾倉扉があった。この扉は一般的な両開き式ではなく、B24爆撃機と同じシャッター式が採用されたのである。この方式は扉の開閉による空気抵抗の影響を最小限に抑えることが可能で、爆撃針路に入る機体の直進安定性を保証す

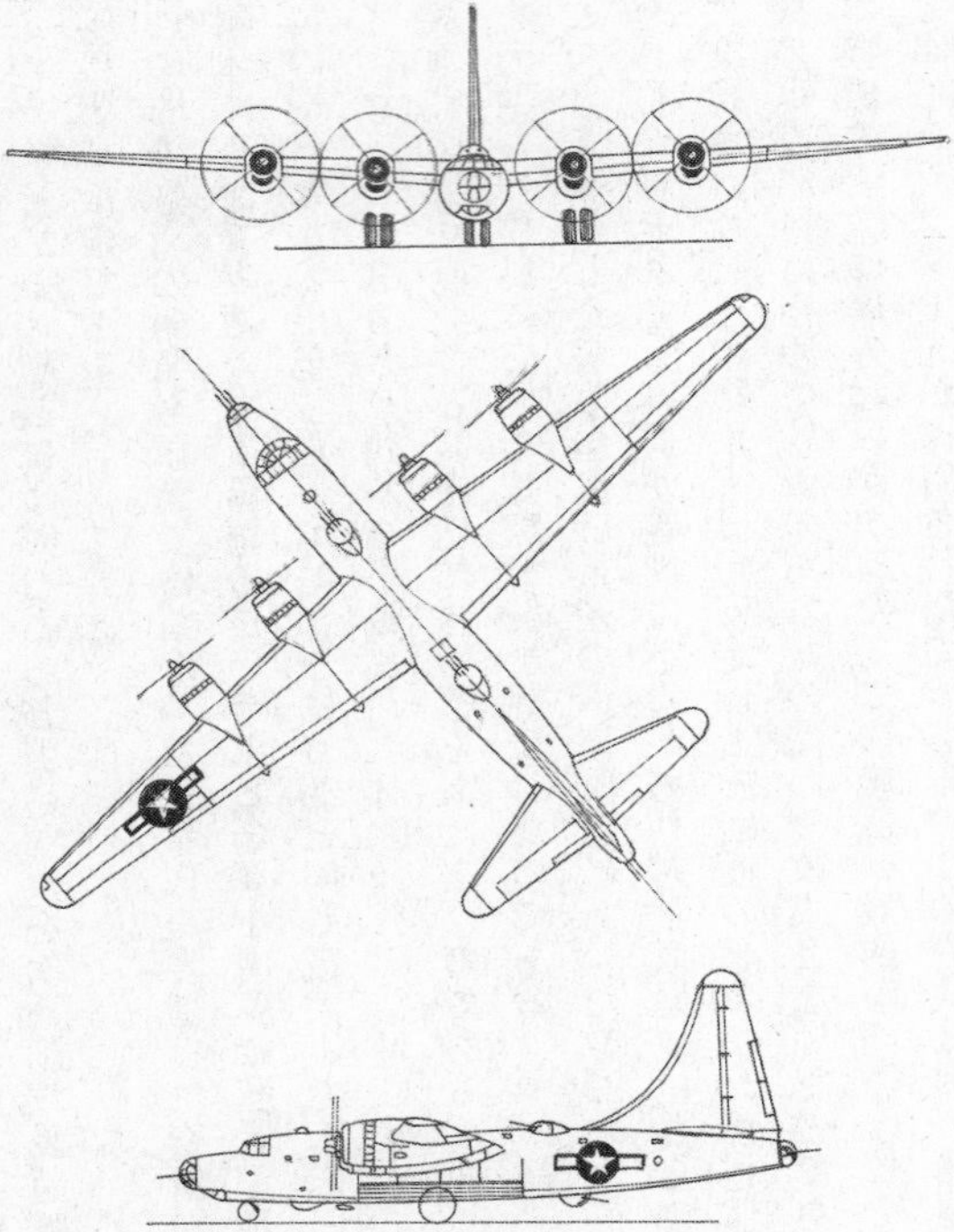

コンヴェアB32「ドミネーター」重爆撃機

るものであったのだ。

アメリカ陸軍は一九四四年八月に至り、B32の量産命令をコンヴェア社に出したが、その生産数は一一〇〇機であった。このころB29はすでに実戦に投入され、中国奥地の基地から日本本土爆撃を展開していたのである。ただエンジンのトラブルが絶えず、つねに出撃機数の約一〇パーセントは出撃後にエンジン不調で基地にもどる状況が繰り返されていたのだ。陸軍はこの状況に鑑みて、エンジンの改良を進めるとともに保障機体として新機種の量産に踏み切ったのであった。

しかし肝心のコンヴェア社はB24爆撃機の量産に忙殺され、B32の量産についてはは合併したヴァルティー社の生産ラインを使って実施する予定であったが、肝心のヴァルティー社の準備が大幅に遅れており、本機の生産計画は混乱していたのである。

そのような中でB29のエンジン不調問題はしだいに改善され、その後の順調な生産につれてB32の必要性が急速に薄れだしたのであった。

ここに至り陸軍は量産されるB32を別の用途で運用する計画を立てたのだ。高々度爆撃用の本機のエンジンから排気タービンを外し、低高度四発爆撃機の可能性について検討しようとしたのである。実戦部隊の編成の準備にあったB32の中から数機の機体を選び、エンジンから排気タービンを外し、この機体数機を最終段階にあるフィリ

コンヴェアB23「ドミネーター」爆撃機

ピン戦線に派遣し、低高度爆撃の試験を行なうことになった。

準備された機体はただちにフィリピンに送り込まれ、低高度爆撃作戦に投入されたのである。当時すでにフィリピン戦線は最終段階にあり、めぼしい爆撃目標もなく試験は思わしいものではなかったが、実施判定は「本機を低空爆撃機として運用することは可能である」という曖昧なものだった。つまり「本機をあえて低空爆撃機として運用する必要性は見られない」という回答と同じであった。

このB32の試験機はその後、沖縄基地に移動し長距離偵察機として運用されたが、それもわずかの期間で終戦を迎えたのであった。

戦争終結直後の一九四五年八月二十七日、珍事が起きたのである。長駆関東方面の写真撮影に向かった一機のB32に対し、関東上空で日本海軍の数機の戦闘機が攻撃をかけたのである。本機は相当のダメージを受けたが無事に沖縄基地に帰投した。この空戦は結果的には日米双方で不問に付されたが、これは第二次世界大戦最後の空戦となったのである。

Ｂ32は戦争終結までにかろうじて一一五機が量産されたが、それと同時にすべての機体は廃棄処分となってしまった。本機の呼称ドミネーターとは支配者の意味である。

本機の基本要目は次のとおりである。

全幅　四一・二メートル
全長　二五・〇メートル
自重　二七三七〇キロ
エンジン　ライト・サイクロンＲ－３３５０－23（空冷複列星形一八気筒、最大出力二二〇〇馬力）四基
最高速力　五七五キロ／時
上昇限度　九三六〇メートル
航続距離　六二六〇キロ
武装　一二・七ミリ機関銃一〇梃、爆弾九〇〇〇キロ

10、ヴァルティーA－31／35「ヴェンジャンス」攻撃機

「ヴェンジャンス」は量産が行なわれて実戦に投入されながら、不評の塊のように扱われ、広く使われることなく消滅した機体である。本機はアメリカ陸軍の主力地上攻撃機として運用される計画で、一八三〇機も生産されながら、アメリカでは運用を拒否され、イギリスとオーストラリア空軍のビルマ・太平洋戦線で少数が戦闘に投入されたが、際立った活躍の記録もなく消えてしまったのである。

本機は単発・複座の地上攻撃機としてヴァルティー社が開発した機体である。主翼の形状に特徴があり、中翼式の機体胴体下部には爆弾倉が配置されていた。

イギリス空軍は第二次世界大戦の勃発直後にアメリカに対し、単発・複座の急降下爆撃機の開発と量産を依頼したのである。そこには戦争と同時にドイツ空軍が繰り出した急降下爆撃機ユンカースＪｕ87の活躍があった。

イギリス空軍は急降下爆撃機の至急の開発をイギリス国内の航空機メーカーに打診したが、これに応えたのはホーカー社（後の試作機ホーカー「ヘンリー」）だけで、その開発も遅々として進まなかったのである。

当時、アメリカのヴァルティー社は独自に単発・複座の攻撃機を開発中であった。同社はこの機体を中国、ブラジル、トルコなどの空軍弱小国向けの輸出機として開発

し、試作機も完成していたのである。また同時にアメリカ陸軍もこの機体に興味を示し、試作機の開発をヴァルティー社に命じていたのであった。

ただアメリカ陸軍ではこの種の航空機に対する運用方法については、まだ方針が曖昧の状態だったのである。しかしイギリス空軍のこの機体に対する至急の要請に興味を示し、開発を命じたのであった。

当時のヴァルティー社は、この種の機種としてYA19を試作していた。この機体は全幅一四・六メートル、全長一二・一メートル、一六〇〇馬力の空冷エンジンを搭載した単発・複座機であり、後のヴァルティーA－31とほぼ同一の機体であった。同社はイギリス向けの急降下爆撃機として、これを改良した新たな機体を試作したのである。本機は急角度の急降下爆撃を可能にするために、主翼上面に油圧式のダイブブレーキが配置されていた。

完成した機体はイギリス空軍の満足するものとなり、早速量産が開始された。そして初期生産型はヴァルティー「ヴェンジャンス（復讐）I」として一〇〇〇機の大量生産が行なわれた。そして同時にアメリカ陸軍も本機をA－31の呼称で採用したのであった。

イギリス向けの本機は一九四二年からイギリス本国に送り込まれた。ところがこの

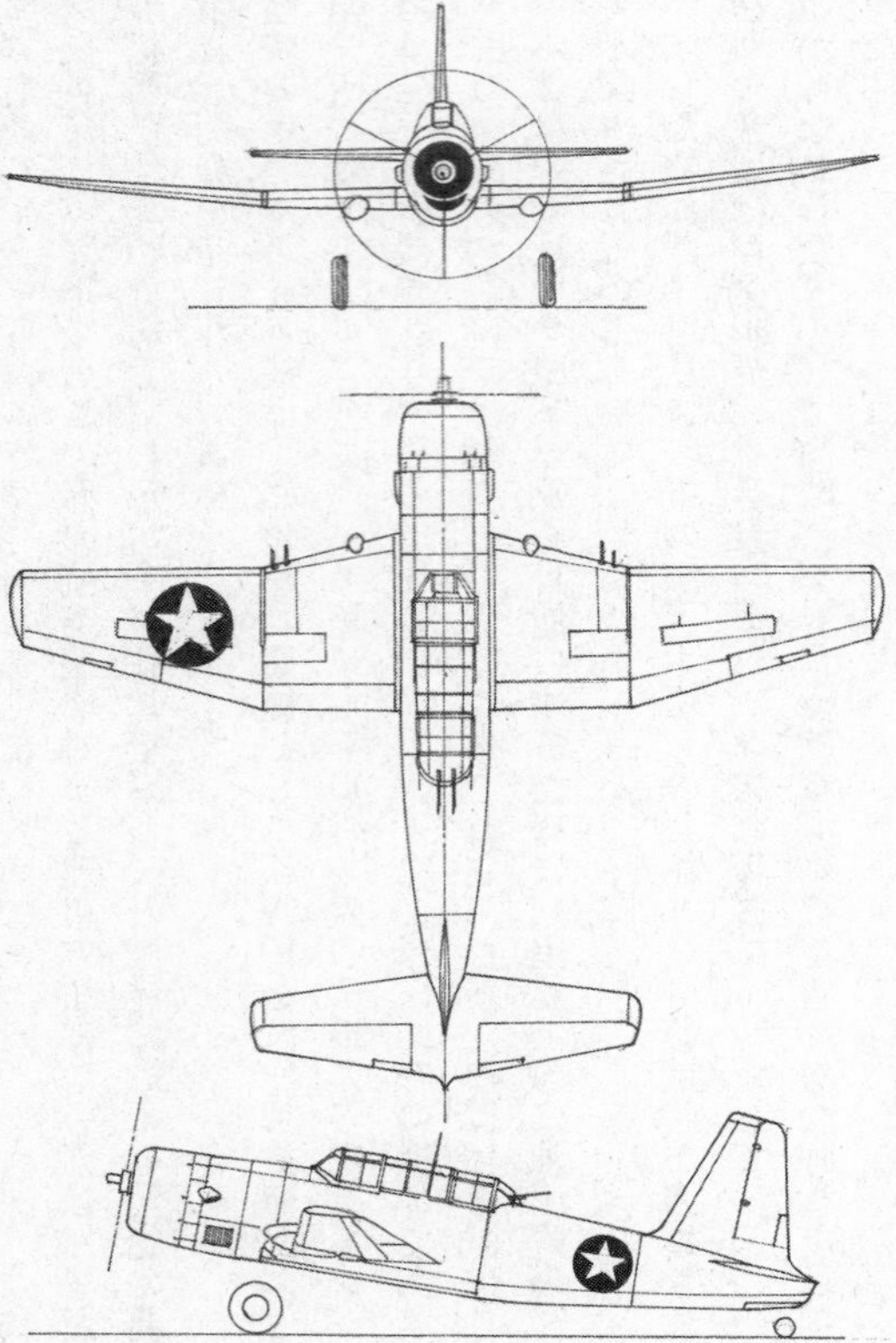

ヴァルティーA－31／35「ヴェンジャンス」攻撃機

頃のイギリス空軍は本機の開発中にこの種の機体に対する考え方に変化が生じていたのである。当初、イギリス空軍は本機を海峡対岸のドイツ軍施設、基地攻撃に使う計画であった。しかしドイツ側戦闘機戦力の増強は本機の出撃に際しては多くの護衛戦闘機を随伴する必要に迫られることになり、その運用が必ずしも得策ではないと判断していたのだ。

結局、イギリス空軍は本機を北アフリカ戦線や東南アジア戦線（ビルマ戦線）で使用する方針に変えたのであった。イギリス空軍は本機を装備した攻撃飛行四個中隊を編成し、一九四二年十月から順次ビルマ戦線に送り込んだのである。

このときの機体はエンジンを換装したもので、これは「ヴェンジャンスⅡ」と呼称された。生産数は八三一機に達した。アメリカ陸軍はこの機体を「ヴァルティーA－35」と呼称し、採用しているが、その機体のほぼすべてはオーストラリア空軍に供与され、共同作戦のニューギニア北岸侵攻作戦に投入したのだ。

一方のアメリカ陸軍では大量の本機を実戦部隊で運用することはなく、高等練習機や標的曳航機として用いたのである。アメリカ陸軍は本機のエンジンに関わる様々な障害を忌避していたのである。本機には原因不明の振動の発生があり、さらにエンジンの焼損事故も多発していたのであった。いずれも原因は不明のままとなっていた。

ヴァルティーA－31／35
「ヴェンジャンス」攻撃機

結局「ヴェンジャンス」は一八〇〇機余りも量産されながら実戦部隊に配備された機体は三六〇機程度で、他の機体は別の用途、あるいは放置されるままとなったのである。この原因は本機の機体設計の不備によるものと指摘されており、その積極的な改善がないままに量産が強行されたのであった。これがその後のヴァルティー社がコンソリデーテッド社へ吸収される原因にもなったのであった。

本機（A－35）の基本要目は次のとおりである。

全幅　一四・六メートル
全長　一二・一メートル
自重　四六八〇キロ
エンジン　ライト・サイクロンR－2600－13（空冷複列星形一四気筒、最大出力一七〇〇馬力）
最高速力　四五〇キロ／時

上昇限度　六八〇〇メートル
航続距離　二七〇〇キロ
武装　一二・七ミリ機関銃七梃、爆弾四五四キロ

11、コンソリデーテッドPB2Y「コロネード」飛行艇

アメリカ海軍は一九三五年に完成した双発飛行艇コンソリデーテッドPBY「カタリナ」の成功を評価し、一九三六年七月にコンソリデーテッド社に対し、より強力な哨戒飛行艇の開発を命じたのである。

この要求に応えた同社は一九三七年十二月に四発飛行艇XPB2Yを完成させた。本機は前作のPBY「カタリナ」の面影はなく、巨大な艇体に四基のエンジンを搭載した巨大な主翼を合わせ持つ飛行艇であった。

試作機は特徴的な双垂直尾翼の機体だったが、飛行結果は直進飛行時の安定性が悪く、また旋回性能に劣り、さらに離水時の艇体の水切りが悪いなど多くの欠陥が指摘されたのであった。

これに対しコンソリデーテッド社は水平尾翼に上反角を付け、また二枚の垂直尾翼の面積を増し、さらに艇体の水切り段差の位置の変更などを行ない、再度の飛行試験

に備えたのである。この一連の改造は功を奏し、本機の飛行安定性が確立し、一九三九年三月に量産命令を受けたのであった。

「コロネード」の主翼は後端が直線、前端に後退角のテーパーを持つ大型のもので、翼端のフロートは離水後に翼内に引き込まれる構造となっていた。また厚い主翼下には左右それぞれ二ヵ所の爆弾架が配置され、最大合計三六〇〇キロの爆弾の搭載が可能となっていた。また艇体も巨大で最大高さ五・五メートル、最大幅三メートルに達していた。

エンジンには最大出力一二〇〇馬力のプラット&ホイットニーが装備された。最高時速三六一キロを記録したが、機体の規模に対しややアンダーパワーの傾向にあることは確かであった。

量産されたのはPB2Y－3で、一九四二年六月から実戦配備が開始され、太平洋・大西洋両戦域で哨戒任務についたのであった。本機の生産型から武装が強化された。機首、艇体背面、機尾にそれぞれ一二・七ミリ連装機関銃座が配備され、艇体側面にもそれぞれ一二・七ミリ機関銃一梃が備えられた。また後期には操縦席後部の背面に巨大なレーダードームが装備され、対潜作戦の強化を図ったのである。

一九四三年後半頃から、アメリカ海軍は航続距離の長いコンソリデーテッドB24を

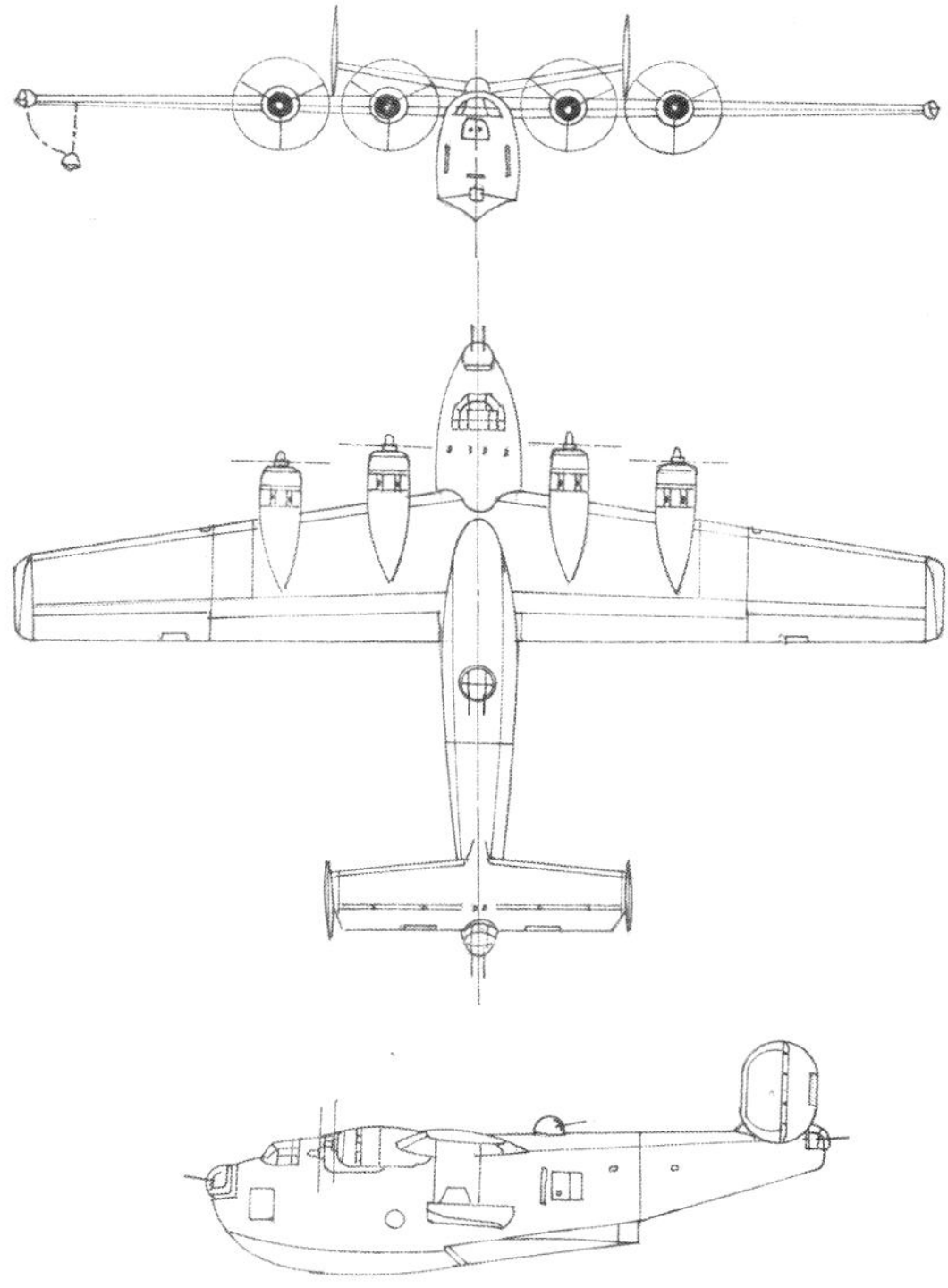

コンソリデーテッドPB2Y「コロネード」飛行艇

コンソリデーテッドPB2Y「コロネード」飛行艇

対潜哨戒機として運用を始めるようになった。さらに運動性能の高いマーチンPBM飛行艇が投入されると、鈍重で扱い難いPB2Yはその搭載量の大きいことから哨戒機から輸送機としての運用が多くなり、戦争末期にはほとんどのPB2Yは長距離輸送機として使われだしたのであった。この場合、本機の巨大な艇体内には最大七〇〇〇キロの貨物の搭載が可能で、そのために大半の機体の左側には貨物扱い用の大型扉が新設されたのである。また一部の機体は患者輸送機としても使われることになった。

本機は戦争の終結とともに全機体が退役し解体処分されている。

戦後アメリカに持ち込まれた日本海軍の二式大型飛行艇と、本機およびイギリスのショート・サンダーランド飛行艇との性能比較試験が行なわれた。このときあらゆる面で二式大型飛行艇の性能が優り、

ＰＢ２Ｙの鈍重ぶりが際立つ結果となったのである。

本機の基本要目は次のとおりである。

全幅　三五・一メートル

全長　二四・二メートル

自重　一万八六一〇キロ

エンジン　プラット＆ホイットニーＲ－１８３０－88（空冷複列星形一四気筒、最大出力一二〇〇馬力）四基

最高速力　三六一キロ／時

上昇限度　六三七〇メートル

航続距離　三七二〇キロ

武装　一二・七ミリ機関銃八梃、爆弾五四〇〇キロ

第3章　イギリスの不運な軍用機

1、ウエストランド「ホワールウインド」戦闘機

「ホワールウインド」はイギリス空軍が初めて採用した双発戦闘機である。一九三五年頃から数年間、世界の主要空軍国では双発戦闘機の開発が一つの流行になった。この流れの中でイギリスではブリストル社、グロスター社、そしてウエストランド社がそれぞれ双発戦闘機を開発したのである。イギリス空軍はそこでブリストル社の複座双発戦闘機とウエストランド社の単座双発戦闘機を採用した。

ウエストランド社は一九三七年三月にイギリス空軍が提示した「単座双発長距離戦闘機」の仕様書に従い、一九三八年十月、全金属製戦闘機の試作機を完成させて空軍の試験を受けたのである。

ウエストランド社が本機の開発で悩んだのはエンジンの選定であった。本機には一〇〇〇馬力またはそれ以下の出力の液冷エンジンが最適と考えていた同社が、最終的

に選んだのは最大出力九六〇馬力のロールス・ロイス・ペリグリンであった。

しかしこのエンジンは必ずしも優れたエンジンとは言い難かったのである。同じ頃開発が進んでいたホーカー「ハリケーン」やスーパーマリン「スピットファイア」戦闘機が搭載した、一〇〇〇馬力級のロールス・ロイス・マーリンは優れたエンジンであったが、本機に搭載するにはいささか馬力が強力過ぎると同社では考えていたのであった。

完成した機体は最高時速五七〇キロを記録した。この速力は「スピットファイア」と同じ値であったのだ。イギリス空軍はこれに満足し、ウエストランド社に対し一九三九年一月に本機の量産を命じたのである。

このとき空軍が本機に求めたものは、爆撃機に対する迎撃戦闘であった。しかも空軍は本機が単発戦闘機とも互角に渡り合えると判断していたのだ。「ホワールウインド」は確かに双発戦闘機であるが、主翼幅は一三・七メートルでホーカー「ハリケーン」戦闘機より一・五メートル長いだけであり、単発戦闘機との空戦も決して不利とは考えていなかったのである。

本機には機体の軽量化に様々な工夫が凝らされていた。胴体は単発戦闘機より細く、また本機のエンジンカウリングより細くなっていた。搭載された最大出力九六〇馬力

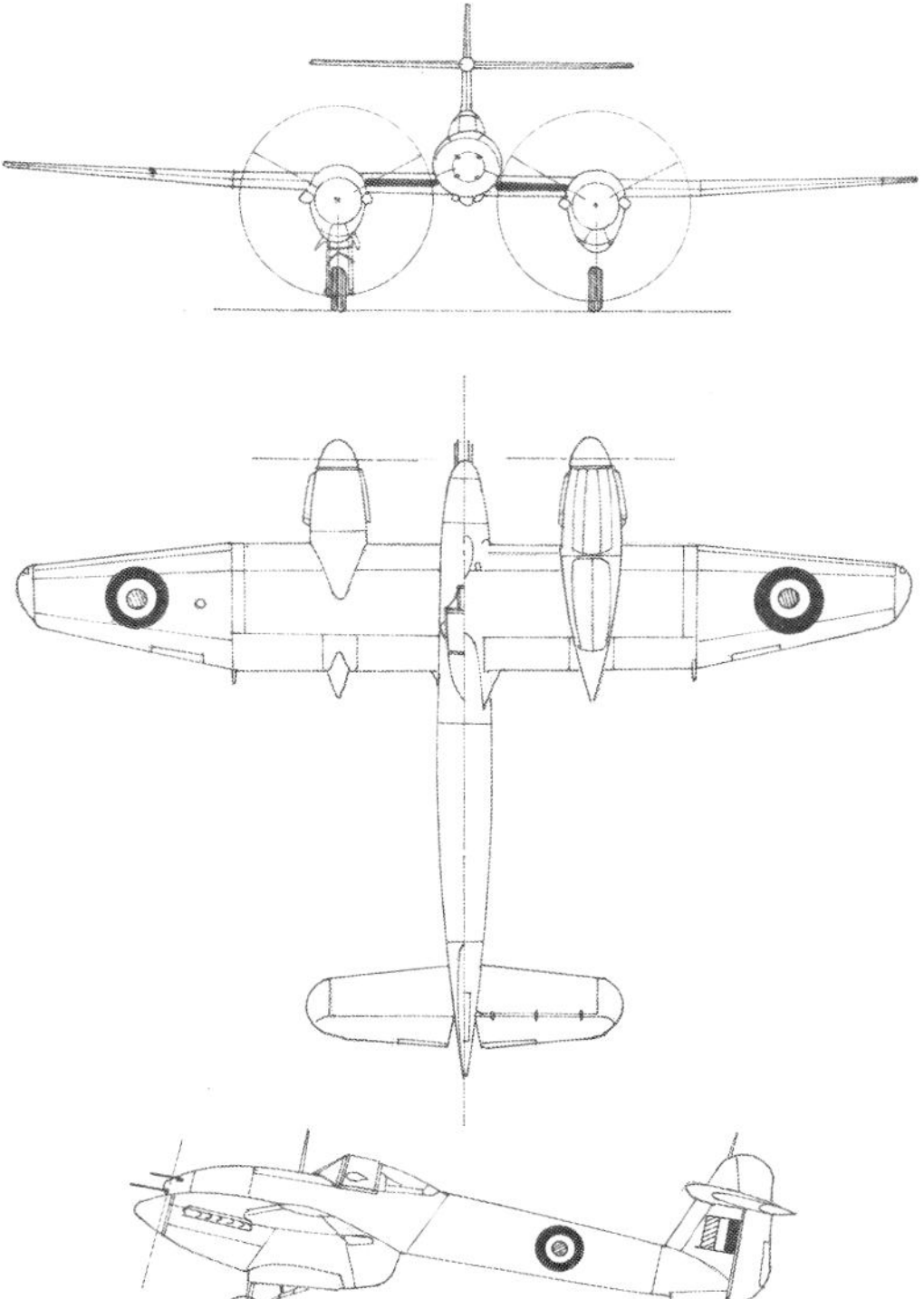

ウエストランド「ホワールウインド」戦闘機

のペリグリン・エンジンの合計出力は一九二〇馬力となり、「ハリケーン」戦闘機の機体単位重量当たりの出力比が一馬力当たり三・三キロに対し、本機は二・三キロという軽快ぶりであったのだ。

しかし「ホワールウインド」にとって不運であったのは、このペリグリン・エンジンが難物で、とくにピストンのクランク系統に不具合が多発したことであった。しかし量産は強行されたのであった。

案の定、実戦部隊に配備された「ホワールウインド」はエンジントラブルの多発に悩まされ続けたのである。イギリス空軍は本機を迎撃戦闘機として運用することを諦め、その長い航続距離と二〇ミリ機関砲四門という強力な武装を活用し、ドーバー海峡を挟んだ対岸のドイツ軍施設の強襲攻撃機として使うことにしたのである。この場合、本機には二五〇ポンド（一一三キロ）爆弾二発を搭載してドイツ軍施設を低空から奇襲攻撃し、さらに機首に装備された四門の二〇ミリ機関砲で掃射するのである。

「ホワールウインド」には外観上にいくつかの特徴があった。その一つが尾翼で、水平尾翼は垂直尾翼の途中に十字形配置となっていた。これは二基のエンジンのプロペラの回転による水平尾翼のバフェッティング対策でもあった。また際立ったものとしてアスペクト比の大きな細長い主翼が見られた。この形状の主翼が急激な動作を要求

ウエストランド「ホワールウインド」戦闘機

される戦闘機に果たして適合する構造であるか否か、評価が現われる前に本機は第一線から引退したのであった。

三つ目の特徴は本機が液冷エンジン搭載でありながら、冷却装置が胴体や主翼に突出物として見られないことである。冷却装置は左右のエンジンと胴体の間の主翼内に配置されており、外部に抵抗物として出現させなかったのである。後のデ・ハビランド「モスキート」爆撃機や「ホーネット」双発戦闘機などの高速機と同じ構造となっていたのである。

四つ目の特徴は機首に集中配備された四門の二〇ミリ機関砲の存在であった。この配置は空中戦においても地上掃射に際しても、極めて強力な破壊力を示すものとなるはずであったのだ。

本機は量産命令が出されたものの生産は遅々として進まなかったのである。量産機はバトル・オブ・

ブリテンが展開されだした一九四〇年六月から少しずつ実戦部隊に配備され始めた。最初に本機が配備された飛行中隊は第二六三飛行中隊であったが、全数（二四機）が揃うことはなく、結局本機がこの戦いに投入されることはなかったのである。

その後、第一三七飛行中隊にも「ホワールウインド」が配備されたが、すでにバトル・オブ・ブリテンは終結しており、本機の活躍舞台はイギリス本島南岸付近の基地を拠点とした、来襲するドイツ爆撃機に対する防空となったのである。

そして本機の最初の撃墜記録は一九四一年一月のことであった。このときイギリス南岸に接近してきたドイツ空軍のユンカースＪｕ88爆撃機一機を、付近上空を哨戒中の「ホワールウインド」が撃墜したのである。

この二個飛行中隊はドーバー海峡南端付近の基地に集中配備され、対岸のフランス本土に点在するドイツ軍拠点に対する強行襲撃を展開したが、一九四二年にはこの作戦はホーカー「タイフーン」戦闘機が行なうようになり、「ホワールウインド」の戦闘攻撃機としての活動も停止したのである。本機の生産は一九四二年二月には終了したが、その総生産数はわずか一一二機に過ぎなかったのである。

本機の基本要目は次のとおりである。

全幅　一三・七二メートル

全長　九・九八メートル
自重　三七六九キロ
エンジン　ロールス・ロイス・ペリグリン（液冷Ｖ形一二気筒、最大出力九六〇馬力）二基
最高速力　五七九キロ／時
上昇限度　九一四五メートル
航続距離　一五〇〇キロ
武装　二〇ミリ機関砲四門、爆弾二二五キロ

２、ウエストランド「ウエルキン」戦闘機

「ウエルキン」はドイツ空軍の高々度偵察機への対策として急遽開発され、さらに暫定量産もされた単座双発の高々度戦闘機である。

本機は一九四〇年七月に同じ目的で試作指示を受けたヴィッカース432高々度戦闘機と同時に開発が進められた。そしてウエストランド社の機体は一九四二年十一月に完成し、試験飛行の結果はイギリス空軍を満足させるものとなり、ただちに暫定量産が開始されたのであった。

本機のエンジンには最大出力一二五〇馬力のロールス・ロイス・マーリン76／77（両エンジンは同一性能であるがプロペラ軸の回転が互いに逆回転となっている）が採用された。このエンジンはロールス・ロイス社が高々度戦闘機用として開発したもので、二段二速過給器が装備されていた。本機の外観上の最大の特徴は、高々度飛行に適したアスペクト比が極めて大きな（翼弦長に対し翼幅が長大）主翼である。

本機はヴィッカース社の試作機と各種の性能試験が行なわれたが、最高時速は多少劣るものの上昇力や高々度飛行時の安定、旋回性など多くの性能において優れていた。イギリス空軍は本機を高々度戦闘機として決定し、天空を意味する「ウエルキン」として暫定量産を命じたのである。

しかし、「ウエルキン」は合計六七機が量産されたが以後の生産は中止されたのである。生産中止の理由は、当時ドイツ空軍の高々度偵察機（ユンカースJu86）の迎撃用に二段二速過給機装備のマーリン・エンジンを搭載した高々度戦闘用の「スピットファイア」6型や7型戦闘機が開発され、またドイツ空軍の高々度偵察機の開発が中止されたとの確実な情報がもたらされたからである。代打で開発された高々度戦闘用「スピットファイア」戦闘機でも十分に対応できることが証明され、あえて新たな高々度用戦闘機を準備する必要がなくなったのであった。

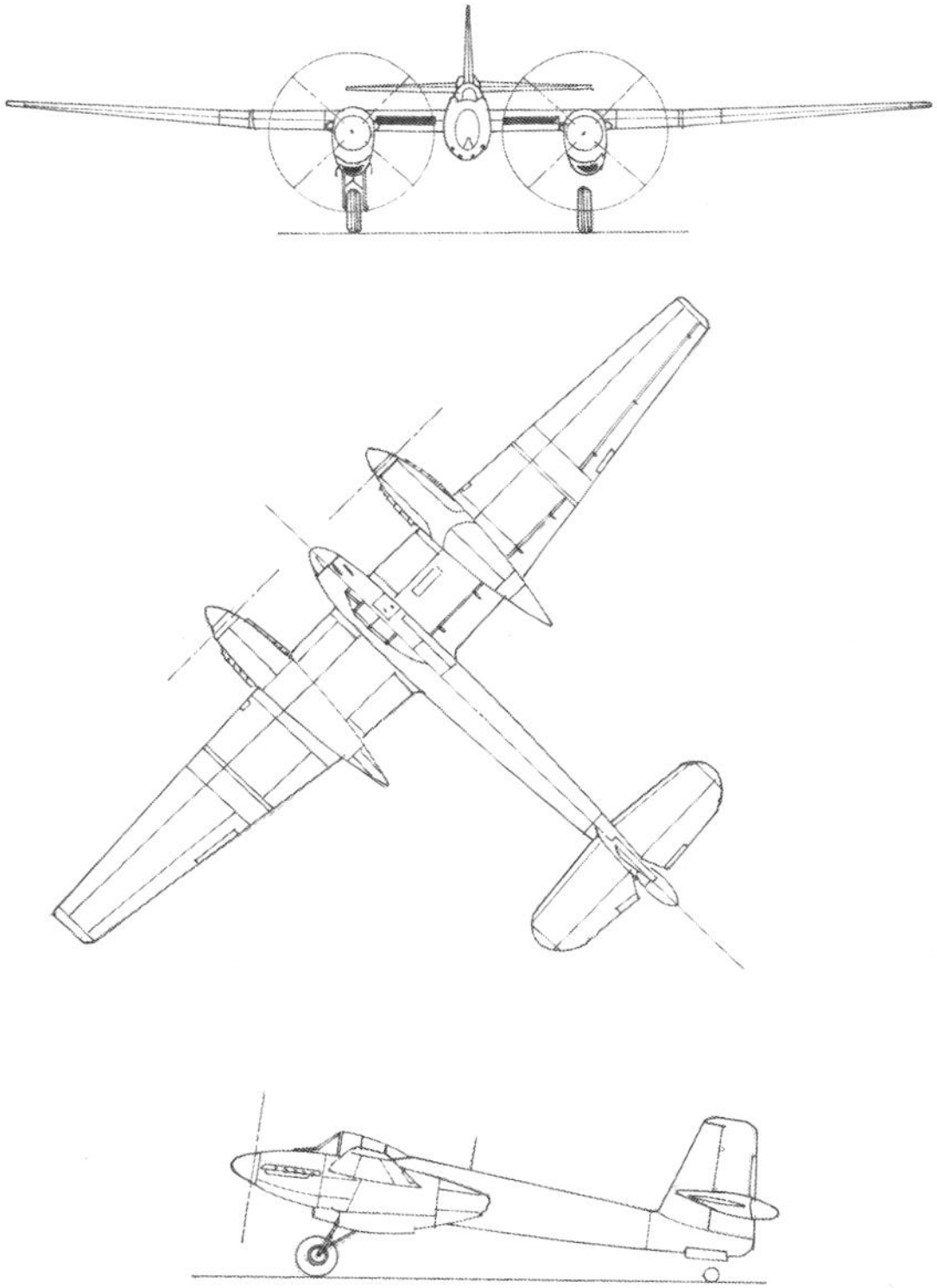

ウエストランド「ウエルキン」戦闘機

ウエストランド「ウエルキン」戦闘機

量産された数少ない「ウエルキン」は実戦部隊に配備されることはなく、すべての機体はその後各種のエンジンテスト用として使われ、戦争の終結と同時に全機スクラップにされたのであった。

本機の基本要目は次のとおりである。

全幅　二一・三四メートル
全長　一二・六八メートル
自重　六七四〇キロ
エンジン　ロールス・ロイス・マーリン76／77（液冷V形一二気筒、最大出力一二五〇馬力）二基
最高速力　六三七キロ／時
上昇限度　一三四〇〇メートル
航続距離　一五〇〇キロ
武装　二〇ミリ機関砲四門

3、ブラックバーン「ロック」艦上戦闘機

イギリス海軍は航空母艦の開発においては世界の海軍の先駆者であり、第二次世界大戦終結時までに大小多くの航空母艦を運用した。しかし不思議なことに、肝心の艦上戦闘機や艦上爆撃機、あるいは艦上攻撃機には見るべき機体が出現せず、主力艦上機の多くにアメリカ海軍の機体を採用していた。艦上戦闘機も専用の高性能な機体はなく、多くは陸上戦闘機を艦上機化して運用していた。

そこにはイギリス海軍の航空母艦の運用上で固守した戦法や仮想敵国であるドイツ海軍の航空母艦開発の事情が大きく影響していたのである。

イギリス海軍が航空母艦を保有するようになって以後、各艦隊（本国艦隊、地中海艦隊、東洋艦隊、H部隊など）の基本戦闘方針は、各艦隊に航空母艦を一乃至二隻ずつ配置し、敵艦隊との戦闘においては各艦隊の航空母艦が先陣を切って航空攻撃を行ない、打撃を受けた敵艦隊に対し後続の主力戦隊が砲撃戦を展開してこれを撃滅する、というものであった。

イギリス海軍の仮想敵であるドイツ海軍は航空母艦を保有しておらず、航空母艦同士の決戦は想定の外にあり、さらに仮想敵国が内陸でもあるために航空母艦の航空戦力で敵地上基地を攻撃するという概念も当初はなかったのだ。

このために搭載する艦上機にも独特な機体が開発されたのである。艦上戦闘機は敵戦闘機との交戦は基本的に念頭にはなく、艦隊を攻撃してくる地上基地の爆撃機が迎撃の対象となり、また艦上爆撃機も艦上攻撃機も高性能な機体をあえて開発する必要もなく、第二次大戦勃発時まで複葉機が主力機として運用されていたのである。

このような思考があったために、イギリス海軍が当初艦上戦闘機として選定したのは陸上戦闘機の複葉のグロスター「グラジエーター」戦闘機であった。そしてその後、ホーカー「ハリケーン」戦闘機を、さらに「スピットファイア」戦闘機を艦上機化して運用したのだ。

しかし結果的には、このにわか艦上戦闘機はとうてい理想的な艦上戦闘機として能力を発揮するものではなく、イギリス海軍は航空母艦自体は高性能な艦を開発しながら艦上機に様々な苦心を強いられることになったのである。

こうした状況の中で当初のイギリス海軍の構想による典型的な艦上戦闘機の一つが、ブラックバーン「ロック」艦上戦闘機であった。本機はイギリス海軍が最初に開発した全金属製・単葉のブラックバーン「スクア」艦上爆撃機を母体に開発した艦上戦闘機である。

本機は全金属製機体に引き込み脚を装備した複座機であるが、武装は機首や主翼に

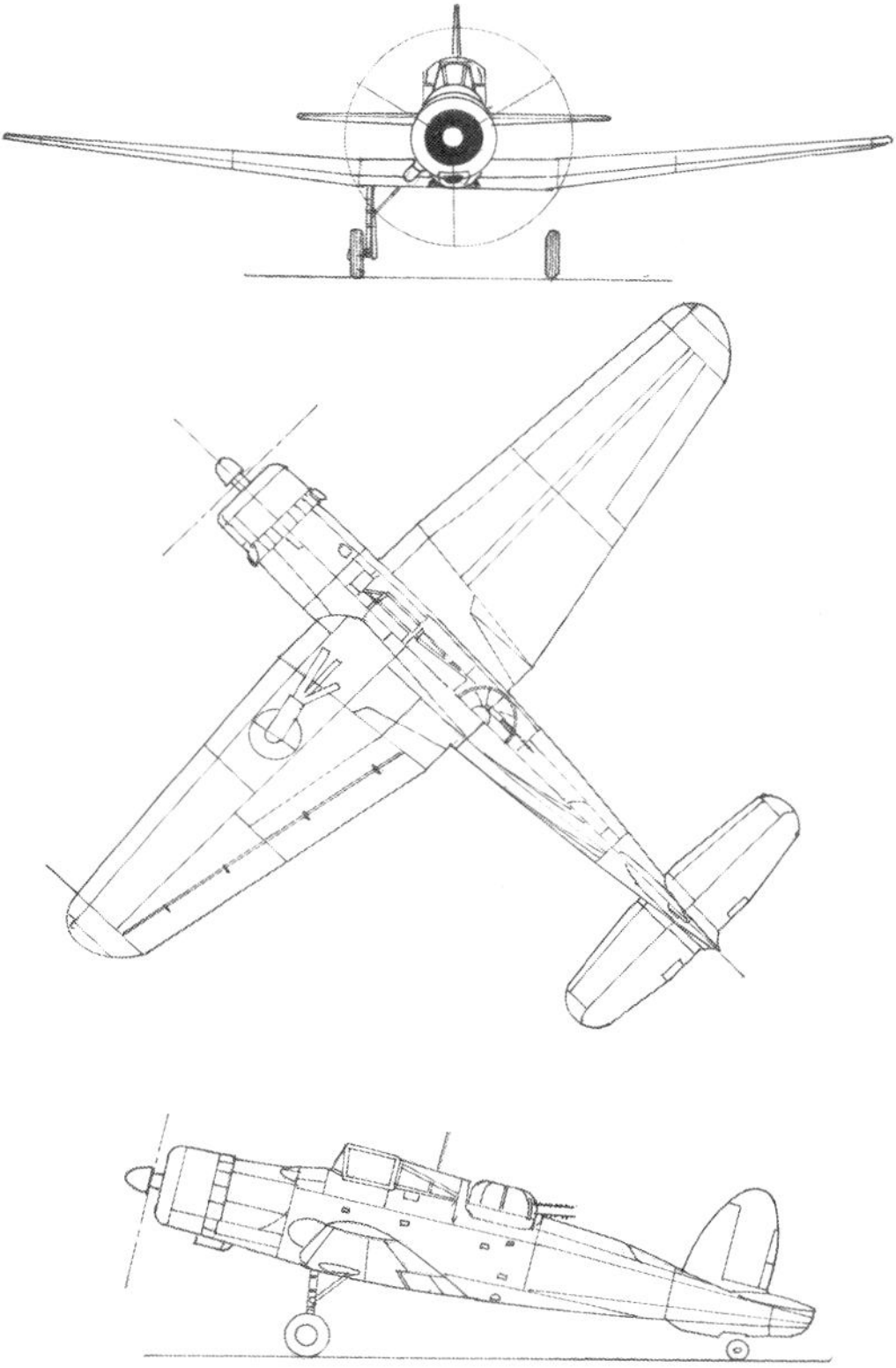

ブラックバーン「ロック」艦上戦闘機

ブラックバーン「ロック」艦上戦闘機

固定銃を装備せず、操縦席の後方に配置された機関銃塔の七・七ミリ四連装旋回機関銃のみである。つまり本機は艦隊に接近してくる敵爆撃機に対する攻撃を目的とした戦闘機で、優れた旋回性能などは持たず四連装の銃塔を駆使し、艦隊に接近してくる敵爆撃機を攻撃することが主目的の戦闘機なのである。勿論銃塔を前向きに固定し、パイロットの照準により前方の敵機を攻撃することは不可能ではないのである。

ここでこの装備が果たして敵機の撃退に効果的であるか否かについては大きな疑問が残るのである。相手が軽快な動きができない大型機であれば、接近して最適な角度から連射を浴びせることは可能であろう。しかし旋回性能に優れた機体であれば攻撃に際し急激な動きが要求され、そのために銃手は強い加速度を受け機関銃の操作は不可能になりかねない。

また攻撃姿勢について操縦手との意思疎通もままならなくなるのである。つまり的確な攻撃は不可能になり最適な迎撃戦闘機とは言いかねるのである。

「ロック」は一九三八年十二月に完成し、ただちに量産体制に入ったが、一九四〇年八月には生産が終了している。この間の生産量はわずか一三六機に過ぎなかったのだ。しかも空母部隊に配備されはしたが間もなく引退し、以後は練習機や標的曳航機などとして用いられたのである。

つまり本機は艦上戦闘機として運用することができなかったのである。本機はイギリス海軍の艦上戦闘機に対する構想の未熟さを証明する機体であった。

本機の基本要目は次のとおりである。

全幅　一四・〇二メートル
全長　一〇・八四メートル
自重　二七七八キロ
エンジン　ブリストル・パーシュース12（空冷星形九気筒、最大出力九〇五馬力）
最高速力　三一三キロ／時
上昇限度　四三八〇メートル

航続距離　一〇〇〇キロ
武装　七・七ミリ機関銃四梃

4、フェアリー「フルマー」艦上戦闘機

第二次世界大戦が勃発したときのイギリス海軍の航空母艦戦力は大型空母五隻、小型空母二隻という強力な陣容であった。しかしその搭載機を見ると日米の空母航空戦力とは大きな違いがあったのである。

イギリス空母部隊の搭載機は、たとえば大型空母アークロイヤルを眺めると、ブラックバーン「スクア」艦上爆撃機一八機、フェアリー「ソードフィッシュ」艦上攻撃機四二機の合計六〇機であった。この中には艦上戦闘機がないのである。ただ艦上爆撃機のブラックバーン「スクア」は主翼に七・七ミリ機関銃四梃を装備し、一応戦闘機の代役を務めることは不可能ではなかった。事実、戦争が始まりイギリス軍が最初に撃墜したドイツ機は「スクア」によるものであった。ただこのとき撃墜されたドイツ機は鈍重な飛行艇である。

さらに航空母艦フユーリアスの搭載機を見ると、ブラックバーン「スクア」艦上爆撃機八機、フェアリー「ソードフィッシュ」艦上攻撃機一八機、ブラックバーン「ロック」艦上戦闘機四機の合計三〇機であった。

この搭載機の内訳からもイギリス空母の任務が敵主力艦隊（戦艦、巡洋艦）の攻撃であり、そこには敵戦闘機が出現する状況は皆無と考えていたと推測できるのである。つまり艦上戦闘機は敵戦闘機と激しい空中戦を交えるという構想はなく、戦闘機を準備しても、それはたまたま艦隊を攻撃してくる敵爆撃機に対する迎撃が目的だったのである。

フェアリー社は一九三六年に単発軽爆撃機のフェアリー「バトル」を完成させた。この機体は全金属製・複座で最大四五四キロの爆弾を装備する近距離戦術爆撃機であった。イギリス空軍は本機を制式採用し一九三八年から一九四一年までに二四一九機も量産した。第二次大戦の勃発と同時に同機編成の軽爆撃機中隊多数をフランスに派遣し、その後のドイツ軍の侵攻に備えたのである。

フェアリー社はイギリス海軍が新たな艦上戦闘機を求めていることに対し、この機体を小型化した艦上戦闘機として海軍に提示したのであった。この時点でもイギリス海軍は艦上戦闘機は単独用途の戦闘機ではなく、他の用途と併用できる機体を望んでいたのである。そこでフェアリー社はこの新しい艦上戦闘機を複座とし、艦上戦闘・爆撃機として海軍に示したのだ。

当時のイギリス海軍は艦上戦闘機を開発しても単座ではなく複座を固守していた。それは単座機では洋上の飛行は操縦と航法を併せ持つこととなり、操縦手に多くの負荷をかけるとして忌避する意見が大勢を占めていたためであった。したがって新しく開発された艦上戦闘機は複座となり、しかも爆撃任務も兼ね備える機体となったのである。

「フルマー」の試作機は一九四〇年一月に完成し、量産が開始され、その後部隊編成も実施された。一九四一年二月には「フルマー」は地中海艦隊の空母フォーミダブルに搭載され、クレタ島攻撃に際し「ソードフィッシュ」の援護を行なっている。

複座のフェアリー「フルマー」は「バトル」軽爆撃機に酷似した、同機を一回り小型化したような機体で、全幅は一四メートル、全長は一二メートル、自重が三九〇〇キロという艦上戦闘機としては大型であった。最初の量産型のエンジンは出力一〇八〇馬力で戦闘機の機能を果たすには弱馬力に過ぎた。その後一二六〇馬力のエンジンに強化されたが、最高時速四三八キロで同じ時期の日米の艦上戦闘機とは比較にならない非力な戦闘機だったのである。

戦闘機の運動性能を示す数値の一つに馬力荷重（エンジン一馬力当たりが負荷する機体重量）がある。日本海軍の零式艦上戦闘機の場合はこの数値は二・五三であるが、

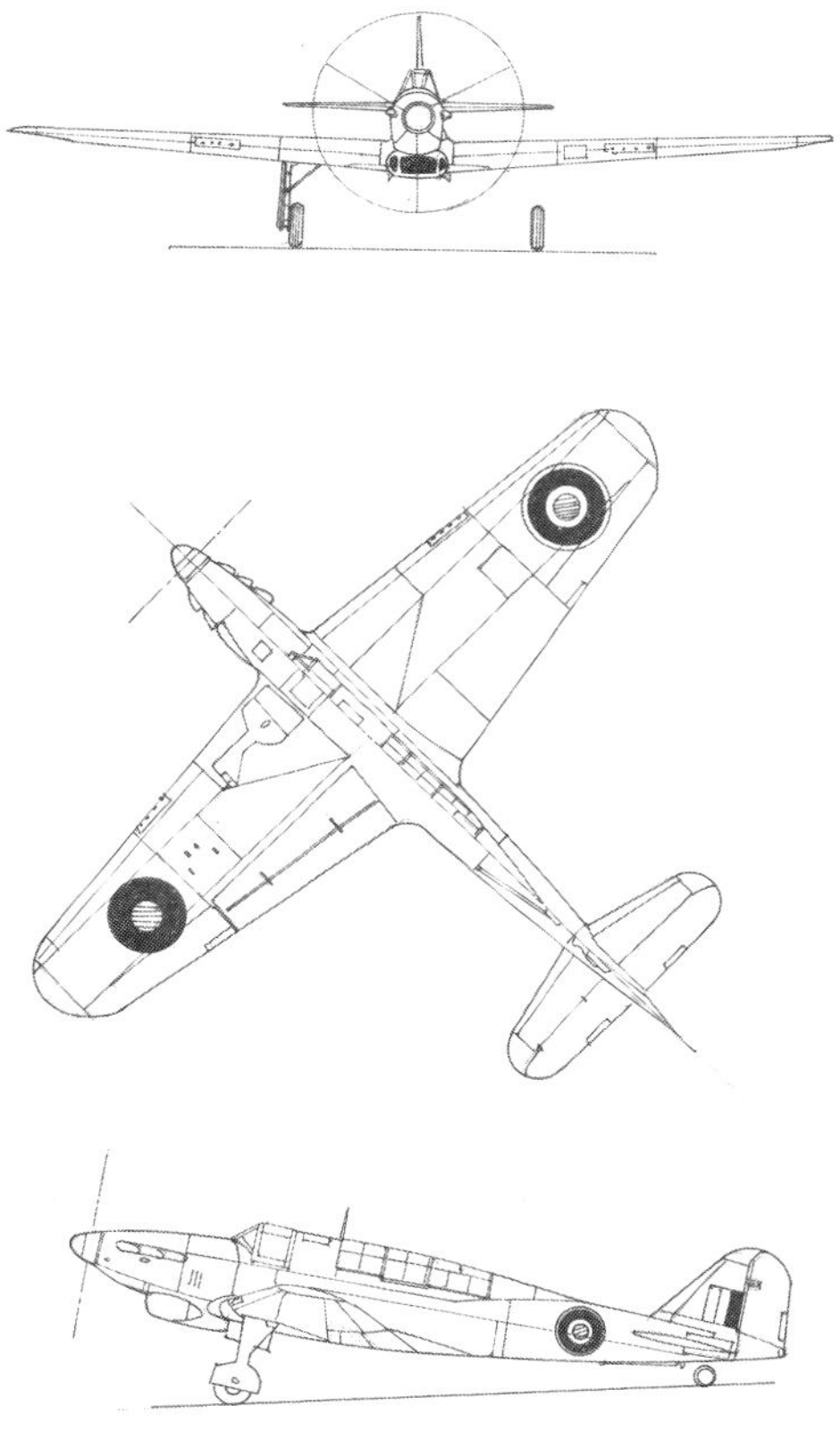

フェアリー「フルマー」艦上戦闘機

「フルマー」の場合は三・四五という高い数値で戦闘機としての軽快性は望むべくもなかった。イギリス海軍もこの現実を認識せざるを得ず、その後応急の対策として陸上戦闘機の「ハリケーン」と「スピットファイア」を艦上戦闘機として運用する手段を講じたのである。

フェアリー「フルマー」艦上戦闘機が日本機と交戦した唯一の機会が存在する。一九四二年（昭和十七年）四月五日、五隻の航空母艦からなる日本海軍の機動部隊がイギリス東洋艦隊と同拠点基地の攻撃を展開した。このときコロンボ港を日本の戦爆攻撃隊が急襲したが、日本の攻撃隊に対し、イギリス空軍の「ハリケーン」戦闘機三六機と「フルマー」戦闘機一〇機が交戦を挑んできたのであった。迎撃してきた「フルマー」はコロンボ港防空のために空母フォーミダブルから急遽派遣され待機していたのである。

この防空戦闘で「ハリケーン」一四機と「フルマー」四機が日本の零式艦上戦闘機により撃墜されている。一方日本の攻撃隊の九九式艦上爆撃機六機が攻撃を受け撃墜されたのである。

続く四月七日、日本海軍機動部隊の攻撃隊は今一つの拠点基地であるツリンコマリ港を攻撃した。このときは「ハリケーン」一七機と「フルマー」六機が迎撃してきた

フェアリー「フルマー」艦上戦闘機

が、「ハリケーン」八機と「フルマー」一機が失われ、零式艦上戦闘機三機が撃墜されている。

「フルマー」戦闘機はその後ソ連向け船団に随伴する護衛空母に少数が搭載され、ノルウェー基地から飛来するドイツ空軍爆撃機に対する迎撃戦闘機の任務を帯びたが、ほとんど活躍することはなかった。「フルマー」は艦上戦闘機として運用するには非力過ぎ、一九四三年頃からは本機が艦上戦闘機として用いられる機会はなく、練習機や標的曳航機などとして使われるに過ぎなかったのである。本機の総生産数は五三〇機となっている。

本機（2型）の基本要目は次のとおりである。

全幅　一四・一二メートル
全長　一二・二四メートル
自重　三九六〇キロ
エンジン　ロールス・ロイス・マーリン30（液冷V形一二気筒、最大出力一二六〇馬力）

最高速力　四三八キロ／時
上昇限度　八二九〇メートル
航続距離　一二五五キロ
武装　七・七ミリ機関銃八梃

5、ボールトンポール「デファイアント」戦闘機

「フルマー」がイギリス海軍の不思議な艦上戦闘機ならば、イギリス空軍の不思議な戦闘機はボールトンポール「デファイアント」である。この戦闘機もその発想はブラックバーン「ロック」艦上戦闘機と同じである。そして本機を実戦に投入した結果は、机上の構想と現実の違いを思い知らされることになったのである。

ボールトンポール社はもともとは航空機製造会社ではない。この会社は爆撃機などの動力銃砲塔の開発と製造が専門で、第二次大戦中にイギリス空軍が実戦参加させたほぼすべての機体に装備された機関銃塔（七・七ミリ連装または四連装）を一手に生産していた。

ボールトンポール社はイギリス空軍が一九三五年に提示したP9／35の迎撃戦闘機開発の仕様書に従い、一九三七年八月に複座戦闘機を試作して空軍の審査を受けた。

本機は単発・複座戦闘機で操縦席の背後には七・七ミリ四連装機関銃塔を装備し、専門の銃手がこれを操作した。機首や主翼には固定機関銃は装備していなかったのである。

ただ本機のこの銃塔は対爆撃機迎撃戦闘に際し活用することが主眼であった。機体を敵爆撃機に接近させて、銃塔を旋回させながら掃射することが目的なのである。この構想はブラックバーン「ロック」艦上戦闘機とまったく同じである。

しかしこの発想が実際の空戦に適合できるか否かである。この海のものとも山のものともつかない戦闘機を制式採用し、しかも量産させたことにイギリスの思考の面白さがみられるのである。

試作機は一九三七年八月の試験飛行に成功したが、機体には性能上なにも問題はなくイギリス空軍は次期迎撃戦闘機として制式採用したのである。そしてイギリス空軍は本機にＤＥＦＩＡＮＴ＝大胆不敵の呼称を与えたのだ。まさに大胆不敵な決断である。

本機は複座で全幅約一二メートル、全長約一〇メートルであるが、重たい七・七ミリ四連装銃塔を装備したために重量は三〇〇〇キロに達し、必ずしも軽快な戦闘機とは言いかねたのである。初期生産型１型のエンジンは最大出力一〇三〇馬力のロール

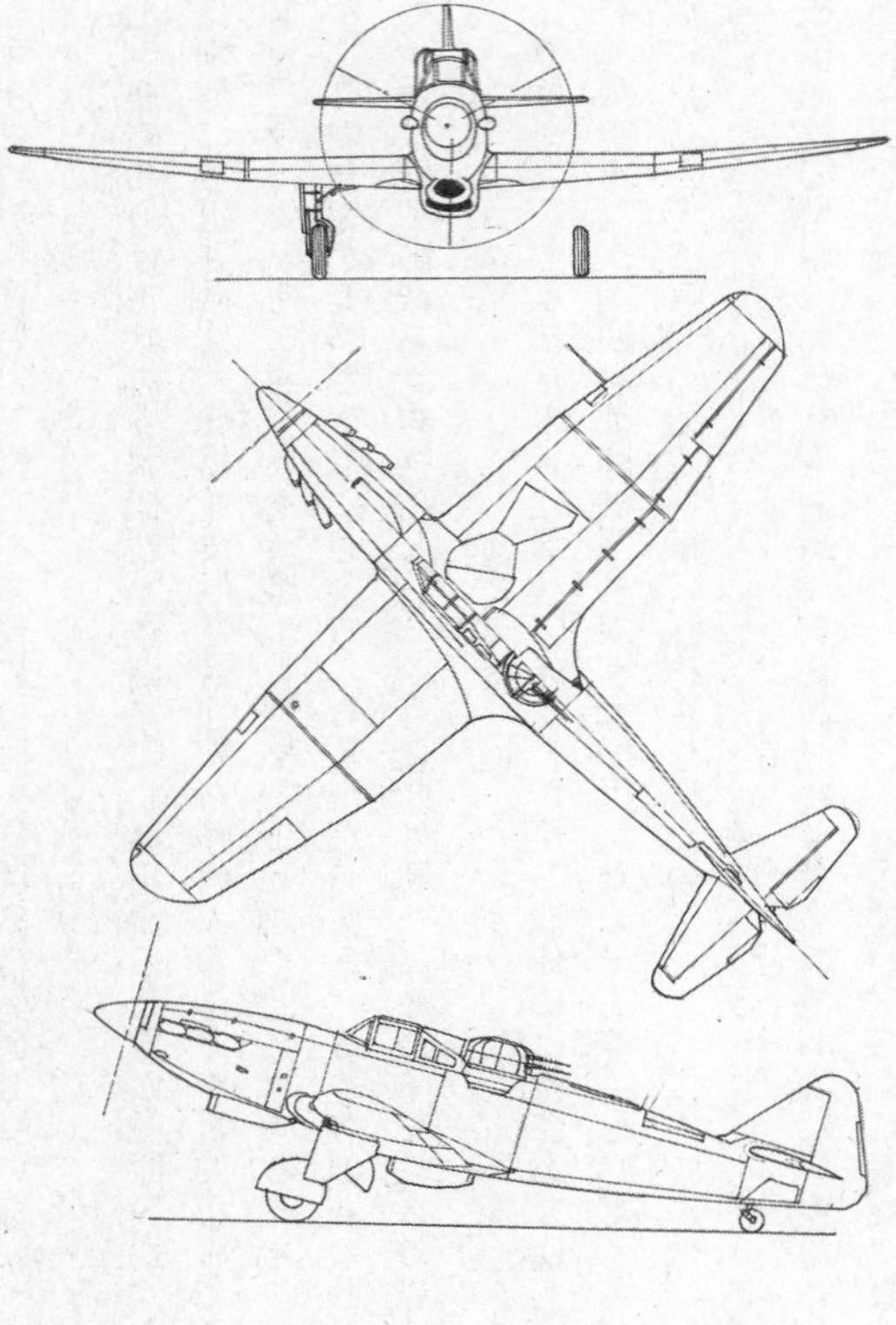

ボールトンポール「デファイアント」戦闘機

ボールトンポール「デファイアント」戦闘機

ス・ロイス・マーリン3で、機体の規模に対し非力で最高時速も五〇〇キロそこそこの値であった。

しかし本機は第二次大戦の勃発とともに部隊編成も開始されたのである。この当時はイギリス空軍にとってはあらゆる戦闘機を手に入れたい時期で、ダンケルク撤退作戦、さらに引き続くバトル・オブ・ブリテンの防空戦闘機として本機も実戦に投入されたのであった。

ダンケルク撤退作戦時、上空防衛戦闘にも「デファイアント」戦闘機は出撃したが、メッサーシュミットMe109に立ち向かうことは無謀で、初日の戦闘で早くも八機が撃墜されたのだ。

以後「デファイアント」は対戦闘機用ではなく、対爆撃機用の防空戦闘機として運用されることになったのである。しかも夜間戦闘機として活用された。ここで初めて本機の真価が発揮されることになったのであるが、その期間は短かったのである。

バトル・オブ・ブリテン当時からその後にかけて本機装備の夜間戦闘機中隊は一一個中隊が編成され、ロンドンをはじめ主要都市の防空戦闘任務についたが、一九四二年以降はレーダー装備のデ・ハビランド「モスキート」の夜間戦闘機型との交換が進み、一九四三年には「デファイアント」は第一線から退いているのである。その後、本機は練習機、雑用機、標的曳航機などとして運用されていた。

「デファイアント」の総生産数は一〇六〇機であった。

本機（1型）の基本要目は次のとおりである。

全幅　一一・九九メートル

全長　一〇・七七メートル

自重　三〇〇〇キロ

エンジン　ロールス・ロイス・マーリン3（液冷V形一二気筒、最大出力一〇三〇馬力）

最高速力　四八九キロ／時

上昇限度　八九〇〇メートル

航続距離　七五〇キロ

武装　七・七ミリ機関銃四梃

6、ブラックバーン「ファイアブランド」艦上戦闘機

イギリス海軍は高性能な艦上戦闘機の不在を考慮し、ようやく一九三九年に次期艦上戦闘機の本格的な開発をブラックバーン社に命じた。同社は一九四〇年から開発をスタートさせ、二年後に試作機を完成させた。

ブラックバーン社は第一次大戦中に発足した航空機製造会社で、海軍向けの攻撃機の設計や製造に実績を残していた。日本海軍でも同社の設計陣の協力のもとに艦上攻撃機の開発を行なっている。イギリス海軍がこの会社に新しい艦上戦闘機の開発を特命したことは決して間違いではなかったはずなのだ。しかし新しく開発を進める段階で同社の設計陣の歯車がうまく嚙み合わなくなってしまった。

この新しい戦闘機の開発にはあまりにも多くの時間がかかり過ぎたのである。そして最終的に実用化された艦上戦闘機は、本来望んでいた艦上戦闘機ではなく異質の艦上戦闘機として完成してしまったのである。そしてその機体の部隊配備が始まったときには戦争は終わっていたのであった。

試作機が完成したのは一九四二年二月で、ただちに試験飛行が開始された。完成し

た機体の全幅は約一五・六メートル、全長は約一一・九メートル、自重は五三〇〇キロという巨大単発戦闘機であった。当時試作機が完成し最大級の艦上戦闘機とされていたグラマンXF6Fよりさらに一回り以上も大きな戦闘機なのである。

本機に搭載されたエンジンは最新型の二〇〇〇馬力級の液冷エンジン、ネピア・セイバーであった。設計陣はこの重量級の強力エンジン付きの機体に軽快な旋回性能、さらには良好な離着艦性能を与えるためには、どうしても面積の大きな（主翼幅が大きな）主翼を配置せざるを得ないと考えたのである。しかもさらに重量のある二〇ミリ機関砲四門を装備する計画だったのだ。

試験飛行の結果、テストパイロットの感想は散々であった。飛行特性は最悪で、直進性が悪く、旋回性能にも劣り、方向舵と補助翼の利きが戦闘機としては鈍重で、しかも昇降舵の利きが速力によってまったく異なりパイロットが戸惑うものとなったのである。

イギリス海軍としては新しい設計の艦上戦闘機は本機だけであるために、何としてもこの機体を採用する必要があった。ブラックバーン社は過酷過ぎる重荷を背負わされることになってしまった。垂直尾翼面積の拡大、補助翼形状と面積の変更、操縦索系統の改善等々、さまざまな改良が行なわれたが、機体そのものの形状の変更は不可

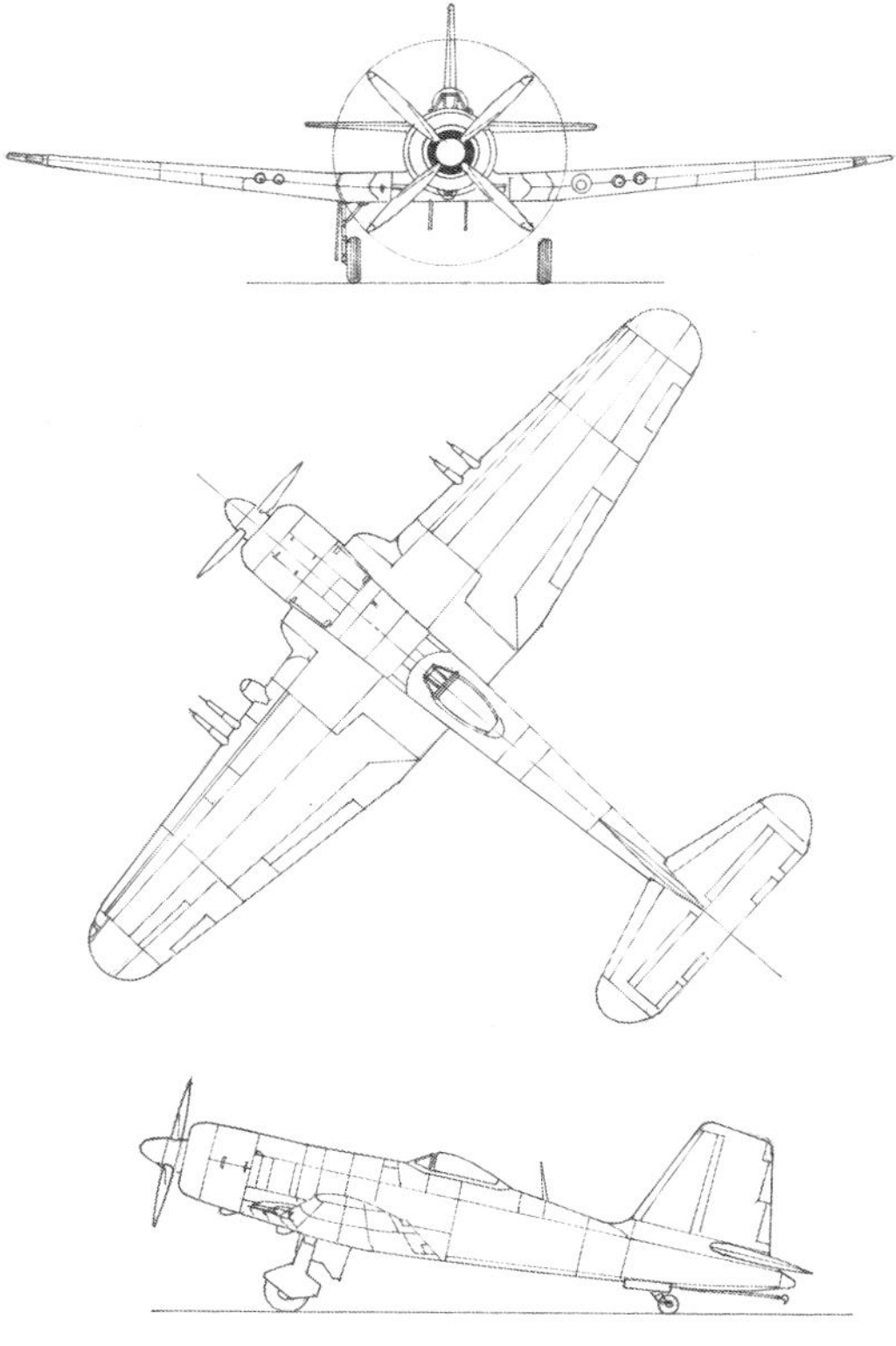

ブラックバーン「ファイアブランド」艦上戦闘機

能であった。

新たに手が加えられた機体に「ファイアブランド」の愛称をつけ、イギリス海軍は本機を制式艦上戦闘機として採用したのだ。そして初期生産型を1型と2型として合計四五機量産し実戦部隊に配備したのであった。しかし第一線部隊での評価も散々であったのだ。搭載した大馬力の新型エンジン液冷ネピア・セイバーの不評も噴き出し、とても実戦に使える戦闘機ではない、と実戦部隊から運用を拒否される始末となった。

イギリス海軍はあてにしていた新型戦闘機が不評となり、苦肉の策として当面の間は「スピットファイア」戦闘機に着艦フックを取り付け、にわか艦上戦闘機として運用したのである。ところが意外にもこの案は主脚に問題はあるものの、当面の策としては「当たり」で、一九四二年以降のイギリス海軍は艦上戦闘機として「スピットファイア」の艦上機型「シーファイア」を運用することにしたのであった。

この間にブラックバーン社は機体のさらなる改良を進め、エンジンを信頼のおける出力二〇〇〇馬力級の空冷エンジン（ブリストル・セントーラス）に換装し、信頼性は確保したが、操縦性の悪癖は完全に改善されなかったのである。ブラックバーン社は機体の垂直尾翼の面積をさらに拡大した3型、動翼を改良した4型、5型として送り出したが、結局イギリス海軍はこの機体をまったく新しいカテゴリーの艦上戦闘・

ブラックバーン「ファイアブランド」艦上戦闘機

雷撃機として運用することにしたのであった。

しかしこの騒動の中で戦争は終結してしまい、「ファイアブランド」が艦上戦闘機として運用されることはなかった。戦後まもない期間に艦上戦闘・雷撃機となって航空母艦に搭載されたが、本機を配備された飛行中隊はわずかに二個中隊で、それも数年で難物機体として運用が停止されてしまったのである。本機の総生産数は二二三機であったとされる。

本機（5型）の基本要目は次のとおりである。

全幅　一五・六三メートル
全幅　一一・八六メートル
自重　五三二五キロ
エンジン　ブリストル・セントーラス9（空冷複列星形一八気筒、最大出力二五〇〇馬力）
最高速力　五六〇キロ／時

上昇限度　九二六〇メートル
航続距離　一一八〇キロメートル
武装　二〇ミリ機関砲四門、魚雷または爆弾九〇〇キロ

7、ブラックバーン「スクア」艦上爆撃機

「スクア」（ＳＫＵＡ）とはトウゾクカモメのことである。営巣するペンギンの卵や雛を狙って飛来しさらってゆくという海鳥である。本機にこの名前を付けたことは間違いではなかった。しかし必ずしも凶悪なトウゾクカモメにはなり切れなかったのである。

本機は一九三五年にイギリス海軍が特命でブラックバーン社に開発を依頼した急降下爆撃機であった。ブラックバーン社は多くの艦上攻撃機や艦上爆撃機を試作あるいは製造し、新たな艦上爆撃機の開発に不足のある航空機製造会社ではなかった。

試作機は一九三七年二月に完成し試験飛行にも成功した。全金属製の本機にはいくつかの特徴があった。空冷エンジンを搭載する機体は、主翼の両端には現在の旅客機のウイングレットのような折り曲げが付き、引き込み式の主脚は艦上機にしては異例の外側引き込み式であった。水平尾翼は垂直尾翼より後方に位置し、複座ではあるが

三座機のような長いフードとなっていた。

本機のエンジンは最大出力八九〇馬力の空冷ブリストル・パーシュース12が積載され、爆弾は胴体下に五〇〇ポンド（二二五キロ）の搭載が可能になっており、主翼前端には戦闘機のように四梃の七・七ミリ機関銃が装備されていた。

海軍は本機を戦闘機としても運用できる性能を期待したのである。事実、第二次大戦勃発直後に、本機は空母艦載機としてノルウェーのベルゲン港に停泊していたドイツ軽巡洋艦ケーニッヒスベルクを奇襲し、直撃弾三発と至近弾二発で同艦を撃沈、そして戦争勃発三週間後の一九三九年九月二十五日には、空母アークロイヤル搭載の本機が北海で哨戒中のドイツ空軍の飛行艇ドルニエＤｏ18を撃墜したのである。これは大戦勃発後イギリスが撃墜した最初のドイツ機であったのだ。海軍は本機に爆撃以外に雷撃、偵察、索敵、さらに戦闘機の任務も負わせる意図があったのである。なお第二次大戦最後のイギリスの被撃墜機は、一九四五年（昭和二十年）八月十五日の終戦直前に、千葉県上空で撃墜されたイギリス海軍の「シーファイア」艦上戦闘機であった。

海軍は「スクア」を次期艦上爆撃機として制式採用し、ただちに量産命令を出した。そして一九三九年十二月までに一九〇機を生産したのである。しかし「スクア」はこれ以上量産されることはなかった。

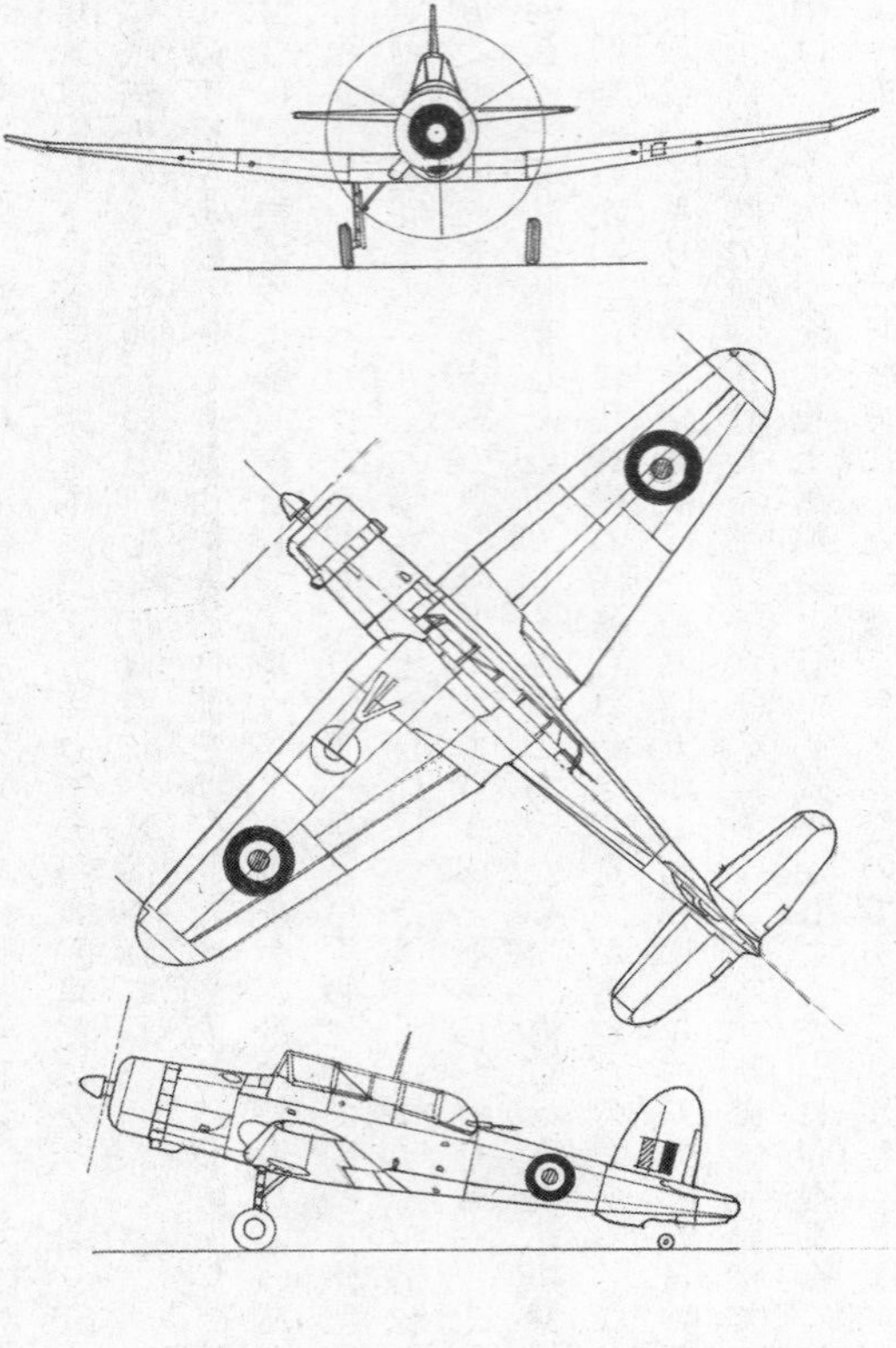

ブラックバーン「スクア」艦上爆撃機

ブラックバーン「スクア」艦上爆撃機

海軍は一九三八年十一月に「スクア」の最初の飛行中隊二個中隊を編成した。そして一個中隊を空母アークロイヤルに、一個中隊がフユーリアスに配備された。

一九四〇年六月十三日、イギリス海軍の航空母艦アークロイヤルがノルウェーのトロンハイムフィヨルド内に停泊するシャルンホルストの攻撃のために、一五機の「スクア」艦上爆撃機を出撃させたのである。このとき戦闘機の随伴はなかった。

この攻撃隊に対しドイツ側は十数機のメッサーシュミットMe109戦闘機が迎え撃ったのである。その結果「スクア」八機が撃墜され、数機が大破となって空母に帰還したのであった。攻撃隊は戦果もなく無事に帰還したのはわずかであった。

この損害が発生する直前に空母アークロイヤルの「スクア」は、ダンケルク海岸の上空防衛のために戦闘機として出撃しているが、ここでもドイツ戦闘機の攻撃で少なからぬ損害を出していたのであった。

イギリス海軍は一九四一年までに艦上機としての「スクア」の運用を中止した。その後、残された機体は練習機や標的曳航機として使われたのである。

本機の基本要目は次のとおりである。

全幅　一四・〇七メートル

全長　一〇・八五メートル

自重　二四九〇キロ

エンジン　ブリストル・パーシュース12（空冷星形九気筒最大、最大出力八九〇馬力）

最高速力　三六一キロ／時

上昇限度　六一五七メートル

航続距離　一二二〇キロ

武装　七・七ミリ機関銃五梃、爆弾二二五キロ

8、フェアリー「アルバコア」艦上雷撃機

イギリス海軍は第二次世界大戦中に三機種の艦上攻撃機を運用したが、いずれもフェアリー社開発の機体であった。そして各機はそれぞれの特徴を持っていたのである。最も早く採用されたのが羽布張り複葉の古色蒼然としたフェアリー「ソードフィッシュ」艦上攻撃機、二番目に現われたのが複葉ではあるが全金属製のやや進化したフェアリー「アルバコア」艦上攻撃機、三番目に登場したのが肩翼式の不思議な形状のフェアリー「バラクーダ」艦上攻撃機であった。

いずれも話題性に富む機体で、日米の艦上攻撃機と比較しても、その特異性は一目瞭然であった。つまり時代に適合しない機体として評価されるのである。そしてこの三機種の中で最も活躍し戦果を挙げた機体が、最も古いタイプの「ソードフィッシュ」であったのだから驚いてしまう。

しかしそれは戦った相手国に強力な空母部隊とそれに搭載される強力な戦闘機戦力が皆無なヨーロッパ戦線だから可能だった訳で、太平洋戦線ではとうてい通用する機体ではなかったのである。

「ソードフィッシュ」は第一次大戦当時の機体と同じく鋼管羽布張り構造で、最高時速は三〇〇キロを大きく割り込む低速機だった。三名の搭乗員はフードのない吹きさらしの開放座席に収まるような機体であった。しかし飛行安定性は抜群であったのだ。

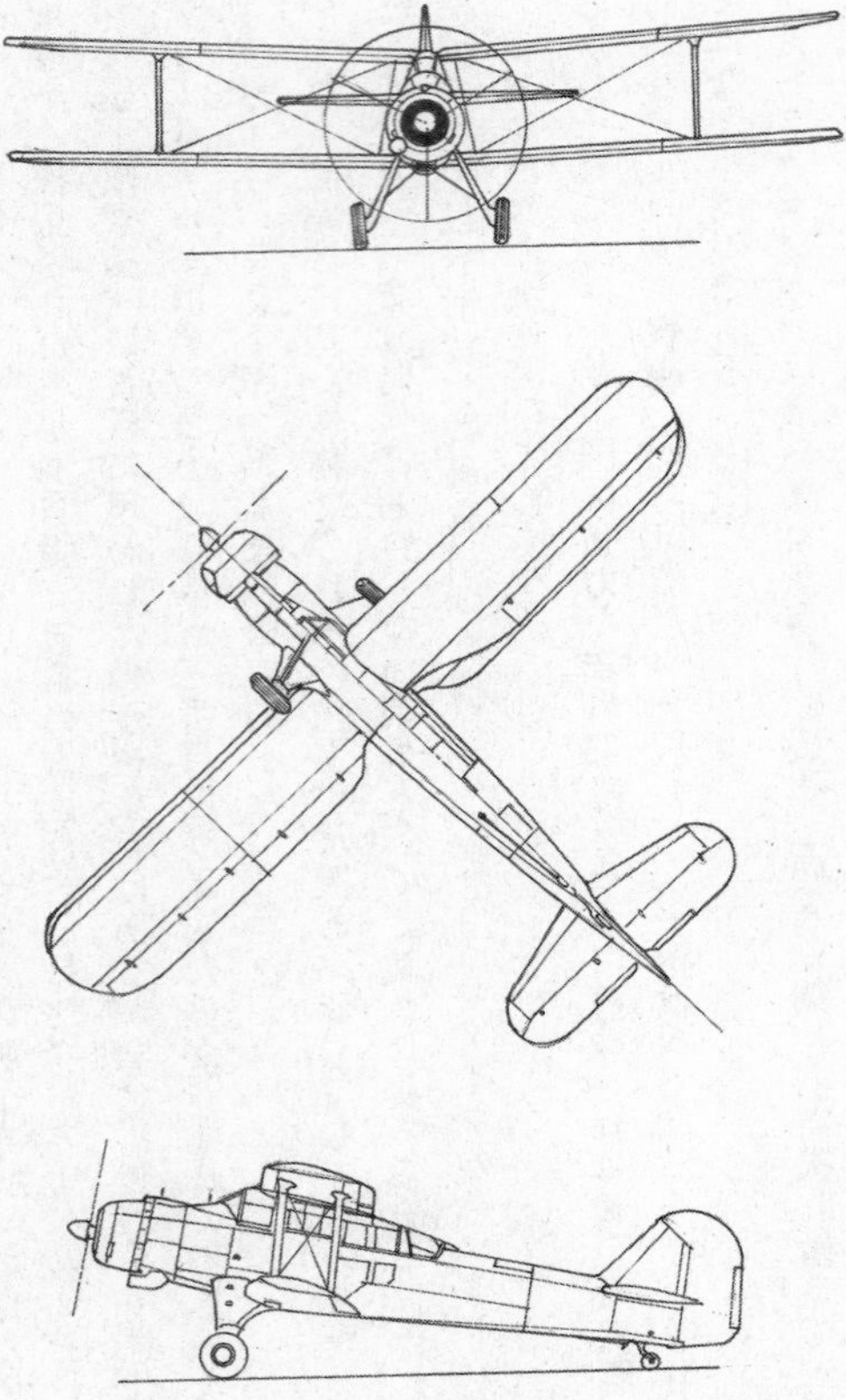

フェアリー「アルバコア」艦上雷撃機

フェアリー社はこの古ぼけた機体をより近代化させた機体として、エンジンを強化して全金属製で密閉フードの艦上攻撃機「アルバコア」として新たに開発した。それでも同じ時期に日米で開発されていた艦上攻撃機と比較すると、新型機でありながら、すでに一時代前の機体だった。全金属製ではあるが複葉で、しかも固定脚式であった。そして最高時速は二六九キロという低速ぶりだったのだ。

「アルバコア」の初飛行が実施されたのは一九三八年十二月のことである。当時日本ではすでに九七式艦上攻撃機が制式となり、アメリカではダグラスTBD「デバステーター」艦上攻撃機が第一線機として運用を開始していたのである。

「アルバコア」はただちに制式採用され量産命令が下された。イギリス海軍は一九三九年十月までに量産機で数個飛行中隊を編成、陸上基地を拠点とするコースタルコマンド（沿岸警備航空団）に配属され、イギリス本島周辺を作戦海域とする攻撃部隊として配備された。

一方同時に空母部隊の「ソードフィッシュ」艦上攻撃機と本機を機種変更することも進められたが、攻撃隊のパイロットたちはかたくなに本機の運用を拒否したのである。彼らは低性能であっても飛行特性が抜群の「ソードフィッシュ」への搭乗を固守したのであった。極めてイギリス的な感覚であった。

フェアリー「アルバコア」艦上雷撃機

一部の空母には本機が搭載されたが、その期間は短く、三番目の開発機である「バラクーダ」艦上攻撃機やグラマンTBF「アヴェンジャー」艦上攻撃機に機種変更しているのである。

結局「アルバコア」は約八〇〇機も量産されながら、一九四三年十一月には空母部隊から引き揚げられたのである。

「アルバコア」艦上攻撃機の何が悪かったのであろうか。じつは特別に悪いところは何もないのである。ただ中途半端に近代化した機体への搭乗員の拒否反応が強かった、としかいえないのである。イギリス海軍の艦上攻撃機に対する用兵思想、技術の遅れが、近代化への搭乗員の拒否反応を招いたとしか考えられないのである。そして艦上攻撃機「アルバコア」には華々しい戦歴は一つも見当たらない。

本機の基本要目は次のとおりである。

全幅　一五・二四メートル
全長　一二・一四メートル
自重　三三六六キロ
エンジン　ブリストル・セントーラス12（空冷複列星形一八気筒、最大出力一一三〇馬力）
最高速力　二六九キロ／時
上昇限度　六三〇〇メートル
航続距離　一四九〇キロ
武装　七・七ミリ機関銃三梃、魚雷または爆弾九〇〇キロ

9、フェアリー「バラクーダ」艦上攻撃機

イギリス海軍が第二次世界大戦で最初に実戦に参加させた艦上攻撃機は「ソードフィッシュ」（SWORDFISH＝メカジキ）だった。そして二番目に実戦に投入した艦上攻撃機が「アルバコア」（ALBACORE＝マグロ）であった。そして三番目に投入したのが「バラクーダ」（BARRACUDA＝カマス）である。この三匹目の大型回遊魚の「カマス」はかなり異質だったのである。

フェアリー社が「アルバコア」の反省から誕生させたのが「バラクーダ」であったのだが、本機も尋常な機体ではなかった。その外観はまことに奇抜だったのである。

第一に主翼をなぜか小型機ながら肩翼式配置としたのである。これは洋上を監視する三名の搭乗員にとっては大きく視界の妨げになる配置であった。第二に肩翼にしたために、脚の強度を保つために胴体下部の両側面から脚を引き出すという方式にしたことである。これは脚の構造を複雑化し、重量増加の要因にもなる。第三は着艦時の浮力確保のために独特の構造のヤングマン式フラップを装備したのである。第四に偵察員用の観測席を設け、胴体下部両側面に大型の観測窓を配置した。そして第五の際立った特徴が小型機ながら垂直尾翼の途中に水平尾翼を配置したことであった。これはヤングマン式フラップを作動させたときに通常配置にあった水平尾翼がバフェッティングを起こしたことへの対策であった。

フェアリー社は「バラクーダ」を日米の単純な外観の艦上攻撃機にくらべると、何とも複雑な変形スタイルの機体として誕生させたのである。設計者の意図としては洋上哨戒の視界の確保のために偵察席を機腹に配置し、そのために主翼を肩翼式にしたと考えられるのであるが、低翼式でも視界は確保されるはずなのである。イギリス海軍が艦上攻撃機に何を求めていたのか、興味深い設計の機体なのである。

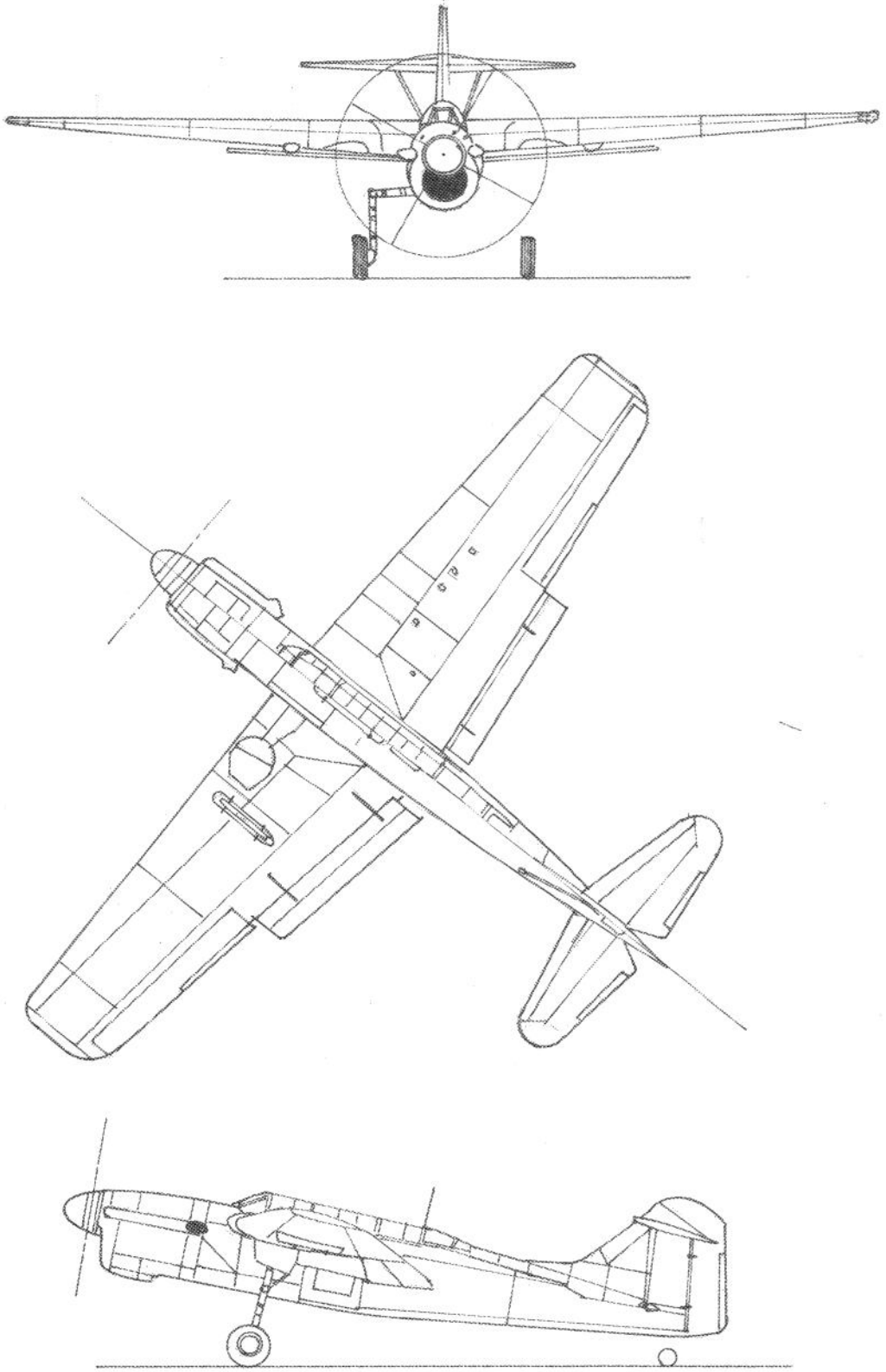

フェアリー「バラクーダ」艦上攻撃機

また今一つ不思議なのは、主翼に配置された大型のヤングマン式フラップである。このフラップは急降下に際してのダイブブレーキとしても活用できることになっているが、通常のスプリット式フラップでも十分に機能するはずであるが、なぜか特殊構造のフラップを装備したのである。

「バラクーダ」は単発艦上攻撃機としては大型機に仕上がっている。本機は自重四二〇〇キロに達する重量機体でエンジンは最大一六四〇馬力、最高時速三六七キロという日米艦上攻撃機に比較し八〇〜一〇〇キロも低速になっている。これらすべてはイギリス海軍の航空母艦作戦の基本に由来するものとして理解しなければならないのであろう。

試作機の初飛行は一九四〇年十二月で、量産第一号機は一九四二年五月に完成した。その後、量産機体による部隊編成が開始されたが、最初の空母搭載は一九四三年一月で、連合軍のイタリア半島上陸作戦に際してのイギリス空母部隊の攻撃機の主力は「バラクーダ」であった。

本機が投入された最も有名な空母作戦は、一九四四年四月に決行されたドイツ戦艦ティルピッツ攻撃であった。ノルウェーのフィヨルド内に待機していた五万二六〇〇トンのビスマルク級戦艦を攻撃するために、四月三日、空母ヴィクトリアスとフユー

フェアリー「バラクーダ」艦上攻撃機

リアスからなる攻撃部隊から四二機の「バラクーダ」が出撃した。

その結果、ティルピッツは一四発の一〇〇〇ポンド（四五四キロ）爆弾の直撃で甚大な損傷を受け行動不能に陥ったのである（その後、戦艦ティルピッツは「ランカスター」爆撃機が投下した五トン爆弾の直撃を受け着底した）。この攻撃が「バラクーダ」を代表する攻撃といえるのである。

「バラクーダ」は東洋艦隊の空母にも搭載され、一九四四年四月から一九四五年一月にかけてスマトラ島やジャワ島の日本軍拠点基地の攻撃にも投入されている。

また「バラクーダ」は戦争後期からはイギリス海軍の護衛空母に「ソードフィッシュ」に代わり搭載され、船団護衛に際しての洋上哨戒にも活用されたのであるが、一九四五年二月以降はイギリス海軍空母部隊の艦上攻撃機はグラマンＴＢＦ「アヴェンジャー」に機種変更されている。「バラクーダ」は戦争の終結とともに全機が実戦部隊から引退している。本機が空母同士の攻撃作戦に投入されたことがないために、真の評価を問うことは不可能であるが、グラマンＴＢＦとその任務を交代したことからも、艦上攻撃機としては必ずしも適した機体ではなかったと考えられるのである。

本機の基本要目は次のとおりである。

全幅　一四・九九メートル
全長　一二・一二メートル
自重　四二六七キロ
エンジン　ロールス・ロイス・マーリン32（液冷Ｖ形一二気筒、最大出力一六四〇馬力）
最高速力　三六七キロ／時
上昇限度　六〇九六メートル
航続距離　一一六〇キロ
武装　七・七ミリ機関銃二梃、爆弾等八一六キロ

10、アームストロング・ホイットワース「アルベマール」爆撃機

本機はイギリスの爆撃機で最初に三車輪式降着装置を装備した軍用機であった。しかしその新機軸の採用とは裏腹に、機体の基本構造は木材と鋼管の骨組みに外板は合板張りという全金属製軍用機の時代にしてはちぐはぐな設計の機体であった。

「アルベマール」は一九三八年にイギリス空軍が提示した次期爆撃機仕様B18／38に従い、当初ブリストル社がブリストル155として提示されたものであったが、実質的な設計はその後アームストロング・ホイットワース社が行なった機体である。

試作機は二機造られたが一号機は試験飛行中に墜落し、二号機で試験は続行された。その結果、本機はイギリス空軍に次期爆撃機として採用されたのである。

本機が開発された頃には第二次大戦が勃発しており、航空機産業用の軽金属の大量使用を考慮し、資材節約のために木材が機材として採用されていたのである。しかし材料節約のために採用された木材の使用が機体重量を増し、また慣れない合板製造にも多くの欠陥が指摘されることになったのである。

本機は双発中翼、双垂直尾翼の機体で、乗員四名、エンジンには最大出力一五九〇馬力の空冷ブリストル・ハーキュリーズ6が採用された。本機で特徴的なのは爆弾倉で全長八メートルに達する長さがあった。しかし爆弾倉は浅く最大爆弾搭載量は一六

〇〇キロで、武装は機体背部に装備された七・七ミリ四連装機関銃であった。

一機でも爆撃機が欲しかったイギリス空軍は本機を「アルベマール」の呼称で制式爆撃機として指定、一九四一年六月より量産が開始されたのである。そして一九四二年六月には四二機の「アルベマール」が完成し、部隊配備が開始されようとしたが、その直前に中止となったのである。

これは本機の重量過多による低性能は作戦に支障をきたすものと判断されたのであった。この頃にはアヴロ「ランカスター」やハンドレページ「ハリファックス」重爆撃機、驚異的な性能の「モスキート」爆撃機の部隊配備が開始され、実戦でも大きな効果を上げ始めていたのだ。

低性能の「アルベマール」の爆撃機としての運用は急遽、中止されてしまった。しかしその後もしばらく「アルベマール」の量産は続けられ、一九四四年までに六〇〇機が生産されたのである。それは本機の用途を爆撃機ではなく、特殊輸送機やグライダー曳航機として運用するためであった。

本機は一九四三年のイタリアのシシリー島上陸作戦やノルマンジー上陸作戦、さらにはアルンヘム空挺作戦で、空挺隊員が搭乗する「ホルサ」グライダーの曳航機として予想外の活躍を示したのである。

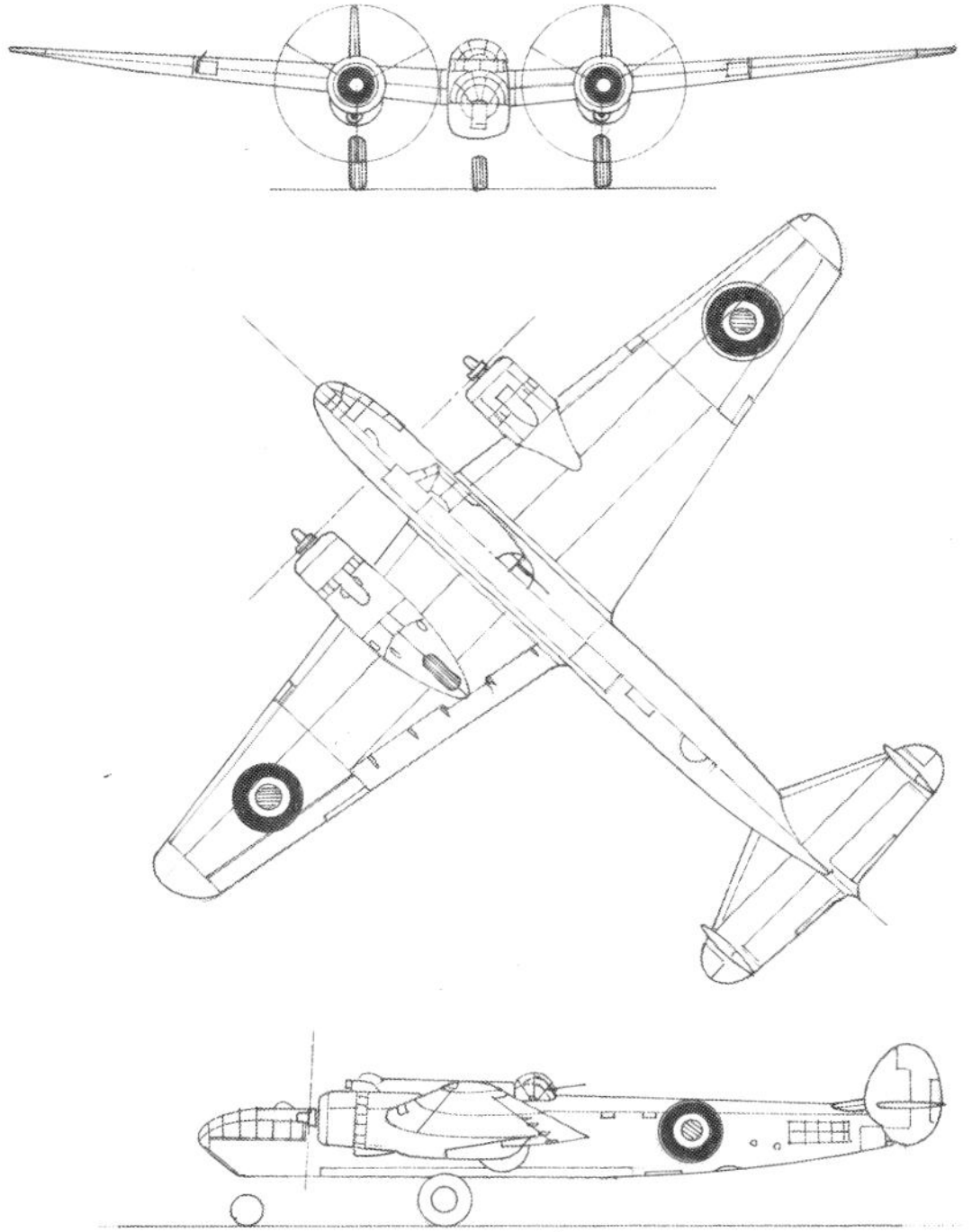

アームストロング・ホイットワース「アルベマール」爆撃機

アームストロング・ホイットワース「アルベマール」爆撃機

「ホルサ」（エアスピード「ホルサ」）は全幅二七メートル、全長二〇メートルのグライダーで、兵員二五名または軽車両や砲なども搭載した。「アルベマール」は同グライダーを一度に二機曳航することが可能で、グライダーの曳航機としては理想的な機体だったのである。

ノルマンジー上陸作戦では先陣を切り、一五〇機の「アルベマール」に曳航されたグライダーが三八〇〇名の空挺隊員を上陸地点の内陸に運び込み、その後の上陸作戦の進行に大きく貢献することになった。また一九四四年九月に展開されたアルンヘム空挺作戦では本機はイギリス軍第一空挺師団のグライダー侵攻輸送に使われたのである。

結局、「アルベマール」は爆撃機ではなく、グライダー曳航機および特殊輸送機として一九四四年十二月まで生産が続けられることになった。

本機の基本要目は次のとおりである。

全幅　　二三・四六メートル
全長　　一八・二八メートル
自重　　七八二〇キロ
エンジン　ブリストル・ハーキュリーズ6（空冷複列星形一四気筒、最大出力一五九〇馬力）二基
最高速力　四二六キロ／時
上昇限度　五五〇〇メートル
航続距離　二〇九〇キロ
武装　　七・七ミリ機関銃四梃（グライダー曳航機は七・七ミリ機関銃二梃）、爆弾一六〇〇キロ

11、ブラックバーン「ボータ」雷撃機

日本では本機の呼称を従来「ボーサ」と呼んでいたが、正しくは「ボータ」である。イギリスでは爆撃機の呼称として爵位を持つ高位の人名を冠しているが、ボータとは南アフリカの独立に貢献したルイス・ボータ（ＢＯＴＨＡ＝南アフリカ連邦の初代首

相）にちなんで命名された呼称である。

本機はイギリス空軍の沿岸警備航空隊用の三座陸上偵察・雷撃機として、仕様M15／35に基づいて開発された機体である。

イギリス空軍省はこの機体の開発をブリストル社とブラックバーン社に提示し、開発を命じたのであった。これに対しブリストル社は複座の後の「ボーフォート」雷撃機で応募したが、空軍省はブラックバーン社に対しては四座の機体を求めたのである。

ブラックバーン社は一九三八年十二月に試作機を完成させた。空軍省はこの機体の開発に対し最大出力八八〇馬力の空冷ブリストル・パーシュース10エンジンを指定したのである。けれども同エンジン二基装備では四座大型機の出力不足は当然と考えなければならなかった。しかし当時の供給事情から同エンジン以外に余裕はなく、ブラックバーン社はこれに相当する機体を開発せざるを得なかったのだ。

完成した本機の形状には多くの特徴があった。翼弦が大きく全幅の短いアスペクト比の小さな機体は、低馬力のために余計に性能を悪化させることになってしまった。幅の主翼は肩翼式であるが、胴体腹部に配置された爆弾倉は独特の形状をしていた。幅の狭い爆弾倉は左右二ヵ所に分かれ、魚雷を搭載するための溝が設けられていた。低馬力、翼幅の狭い本機に高性能を求めることは不可能であった。試験飛行の結果、飛行

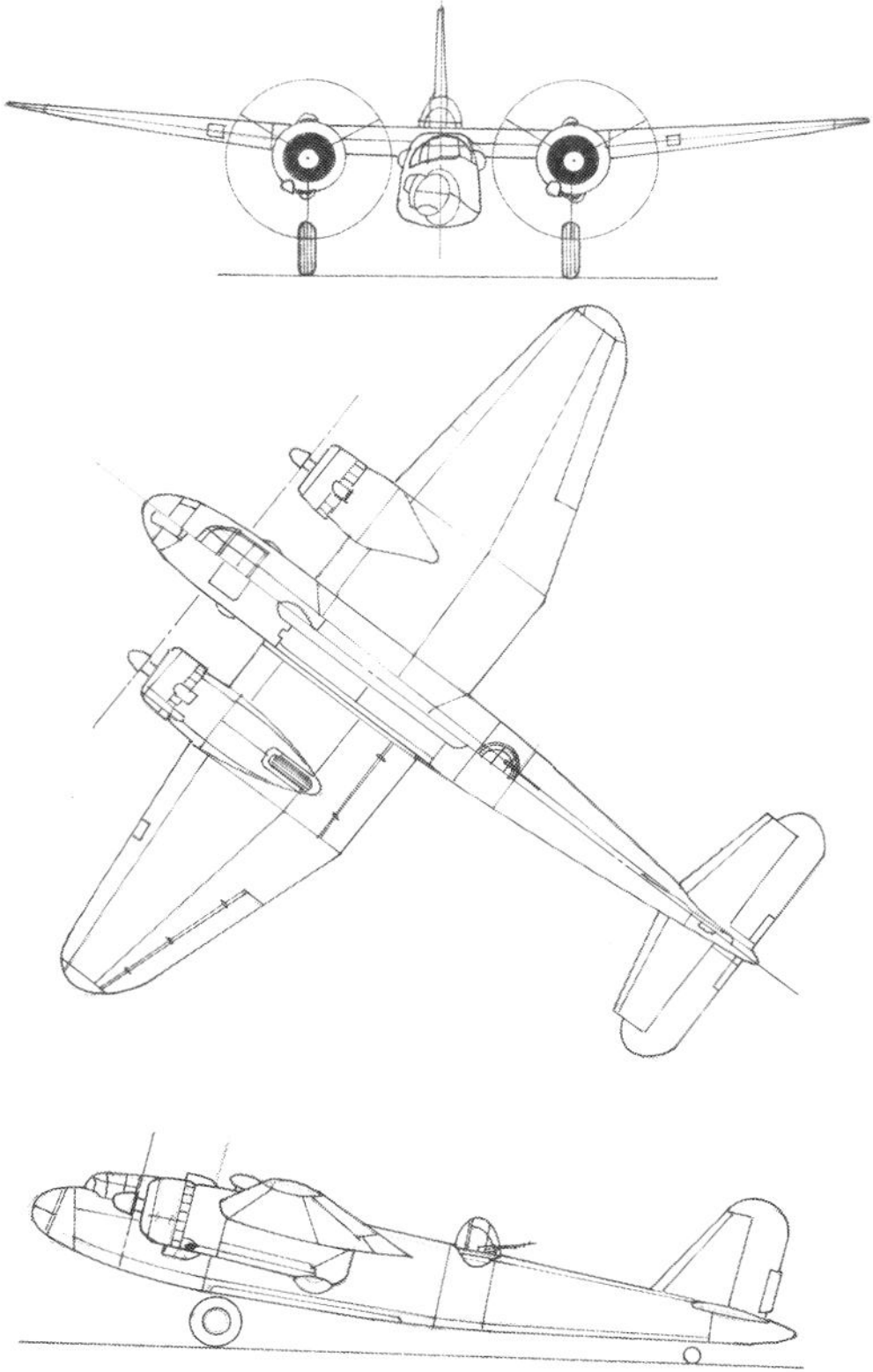

ブラックバーン「ボータ」雷撃機

ブラックバーン「ボータ」雷撃機

特性は劣悪と判定された。しかし空軍省は本機の量産を決行したのである。

一九四〇年五月に沿岸警備航空隊の一個飛行中隊に本機が配備された。任務は北海洋上の哨戒飛行と敵艦船に対する雷・爆撃であった。しかし配備された飛行中隊の本機に対する評価は散々なものとなった。悪天候の中の哨戒飛行は、安定性不良の本機には危険極まりないものと断定されたのである。

結局飛行中隊での「ボータ」の運用は七ヵ月で中止されたのである。本機は五八〇機が量産されている。その後本機は練習飛行航空隊で練習機として運用されたが、ここでも練習生の訓練機としては最悪の評価となり忌避されることになり、一九四四年頃までにすべての機体は引退し、廃棄されることになったのである。

本機の基本要目は次のとおりである。

全幅　一八・〇〇メートル

全長　一五・六〇メートル
自重　四七五〇キロ
エンジン　ブリストル・パーシュース10（空冷星形九気筒、最大出力八八〇馬力）二基
最高速力　四〇一キロ／時
上昇限度　五三四〇メートル
航続距離　二〇四〇キロ
武装　七・七ミリ機関銃三梃、爆弾または魚雷八〇〇キロ

12、アヴロ「マンチェスター」爆撃機

ロールス・ロイス社は一九三六年に、野心的な発想にもとづくロールス・ロイス・ヴァルチャーという大馬力エンジンの開発をスタートさせた。このエンジンは液冷V形一二気筒のロールス・ロイス・ペリグリン（最大出力八八〇馬力）を互いに上下逆向きに重ね合わせてシリンダーをX状に配置し、一本のプロペラ・シャフトを回転させて最大出力一七六〇馬力を発揮させようとする革新的なものであった。

一九三六年当時、二〇〇〇馬力に最も近いエンジンは開発途上にあるヴァルチャー

・エンジン以外になかったのであった。イギリス空軍省は爆撃機戦力の強化を急ぐために、このエンジンを搭載した新たな重爆撃機を開発する意向だったのである。
事実、第二次世界大戦が勃発した当時のイギリス空軍爆撃機航空団の主力爆撃機は、すでに時代遅れになっている双発のアームストロング「ホイットレー」爆撃機、双発の重爆撃機としては非力なハンドレページ「ハンプデン」、双発で非力なブリストル「ブレニム」爆撃機、そして何とか重爆撃機として使えるのがヴィッカース「ウエリントン」双発爆撃機であった。しかしこれらの爆撃機はいずれも爆弾搭載量は二〇〇〇キロ以下で、主力爆撃機として今後運用するには心許なかったのだ。

イギリス空軍省は一九三六年にB13／36の仕様で次期重爆撃機の開発をアヴロ社に命じたのである。そしてこの爆撃機には開発中のヴァルチャー・エンジンの搭載を求めたのであった。アヴロ「マンチェスター」はこの難物のエンジンに翻弄され、自滅した爆撃機である。

本機は全幅約二七メートル、全長約二一メートルで双発機としては大型であるが、これは二〇〇〇馬力近い出力のヴァルチャー・エンジンを搭載するために決定された規模であった。主翼は中翼配置で胴体下部には全長一二・七メートル、全幅一・五メートルの巨大な爆弾倉が配置され、各種合計四七〇〇キロの爆弾の搭載を可能にして

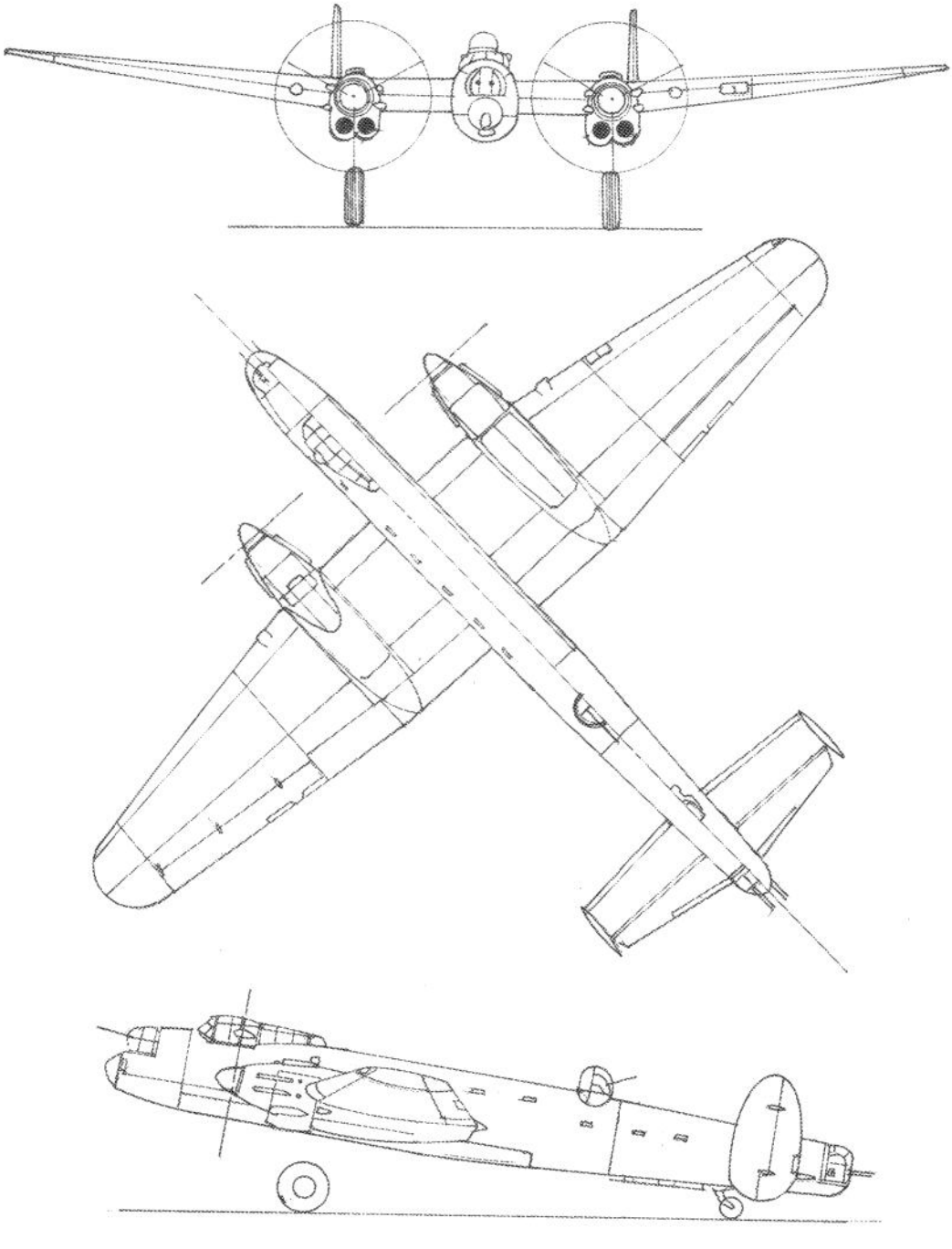

アヴロ「マンチェスター」爆撃機

いた。既存の双発爆撃機の二倍以上の搭載能力である。

試作一号機は一九三九年七月に完成し、初飛行にも成功した。その結果を見てイギリス空軍は早くも本機の量産命令をアヴロ社に出したのである。すでに戦争は勃発していたのだ。量産型機体のエンジンには出力向上型の最大出力一八四五馬力のヴァルチャー1Aが搭載されることになった。また機体の方向安定性の不良と方向舵の効果改良のために垂直尾翼の拡大が施された。機体の呼称は「マンチェスター」と決まった。

量産機が出始めるとただちに部隊配備が開始され、一九四〇年十一月に最初の「マンチェスター」による爆撃飛行中隊が編成された。そして同飛行中隊の爆撃機一六機による最初の爆撃作戦が、一九四一年二月二十四日に実施された。爆撃目標のフランスのブレスト港への夜間爆撃であった。

「マンチェスター」爆撃機装備の飛行中隊は四個中隊、延べ七二機による編成であったが、それ以後、本機装備の飛行中隊は編成されていない。その理由は搭載したヴァルチャー・エンジンの不調であった。

二基のペリグリン・エンジンを互いに逆配置し、一本のプロペラ・シャフトを駆動する複雑なクランク装置は故障の種となった。クランク部分の同調不良による焼損や

アヴロ「マンチェスター」爆撃機

エンジン冷却装置の不調など、このエンジンは難物で、それによる出撃機の減少は作戦に障害をおよぼすまでになったのである。
本機の初出撃から一年四ヵ月後の一九四二年六月までに合計一二六九機の「マンチェスター」が出撃したが、その約五パーセントにあたる六九機が未帰還となったのだ。そしてその中の半数以上は敵によるものではなくエンジン故障による未帰還だったのだ。このエンジン不良による損害比率は他の爆撃機に比較し格段に大きかった。
ちなみに、その後、制式採用されたアヴロ「ランカスター」爆撃機は全作戦期間で延べ一五万六一九二機が出撃し、敵戦闘機や高角砲による被墜機は三三四五機であった。このなかでエンジン不調による未帰還機は限りなくゼロに近かったのだ。損害率二・一パーセントである。「マンチェスター」爆撃機のエンジントラブルによる未帰還機の発生率は二・五パーセントを越えていたのである。イギリス空軍が本機の運用を停止するのは当然であった。本機の総生産数は二〇二機である。

「マンチェスター」の主翼を三・七メートル延長し、ロールス・ロイス・マーリンエンジン四基を搭載した機体がアヴロ「ランカスター」であるが、同機は極めて優れた飛行特性を示し、イギリス空軍爆撃航空団の主力爆撃機として活躍したことはよく知られている。

本機の基本要目は次のとおりである。

全幅　二七・四五メートル
全長　二一・三三メートル
自重　一万六八〇〇キロ
エンジン　ロールス・ロイス・ヴァルチャー1A（液冷X形二四気筒、最大出力一八四五馬力）二基
最高速力　四二七キロ／時
上昇限度　五八六〇メートル
航続距離　二六二〇キロ

13、ブリストル「バッキンガム」爆撃機

武装　七・七ミリ機関銃八梃、爆弾四六八〇キロ

本機は双発爆撃機ブリストル「ブレニム」の後継機として一九四一年にイギリス空軍省のB23／41仕様にもとづき計画された双発爆撃機である。本機は本来は地上攻撃機として開発されていたが、途中でブリストル社が二〇〇〇馬力級のエンジンを完成させたために、これを搭載する双発高速爆撃機として改めて開発したのである。新しく開発が進められた爆撃機は「バッキンガム」の呼称を得て、試作機は一九四三年一月に完成し、さらに四号機まで造られたのである。

「バッキンガム」は双発、双垂直尾翼、搭乗員四名、爆弾搭載量最大一八〇〇キロ、強力なセントーラス・エンジンにより最高速力は時速五〇〇キロを超える爆撃機となったのである。空軍はブリストル社に対しただちに量産を命じたのだが、エンジンにトラブルが発生し、量産機が送り出されるのに多くの時間を要することになった。

この間にデ・ハビランド社が開発した「モスキート」多用途機が順調な滑り出しを見せ、量産も順調に進み、同機は高速爆撃機としても好評を博することになったのである。ここに至り空軍省は「バッキンガム」を爆撃機として運用する方針を変更した

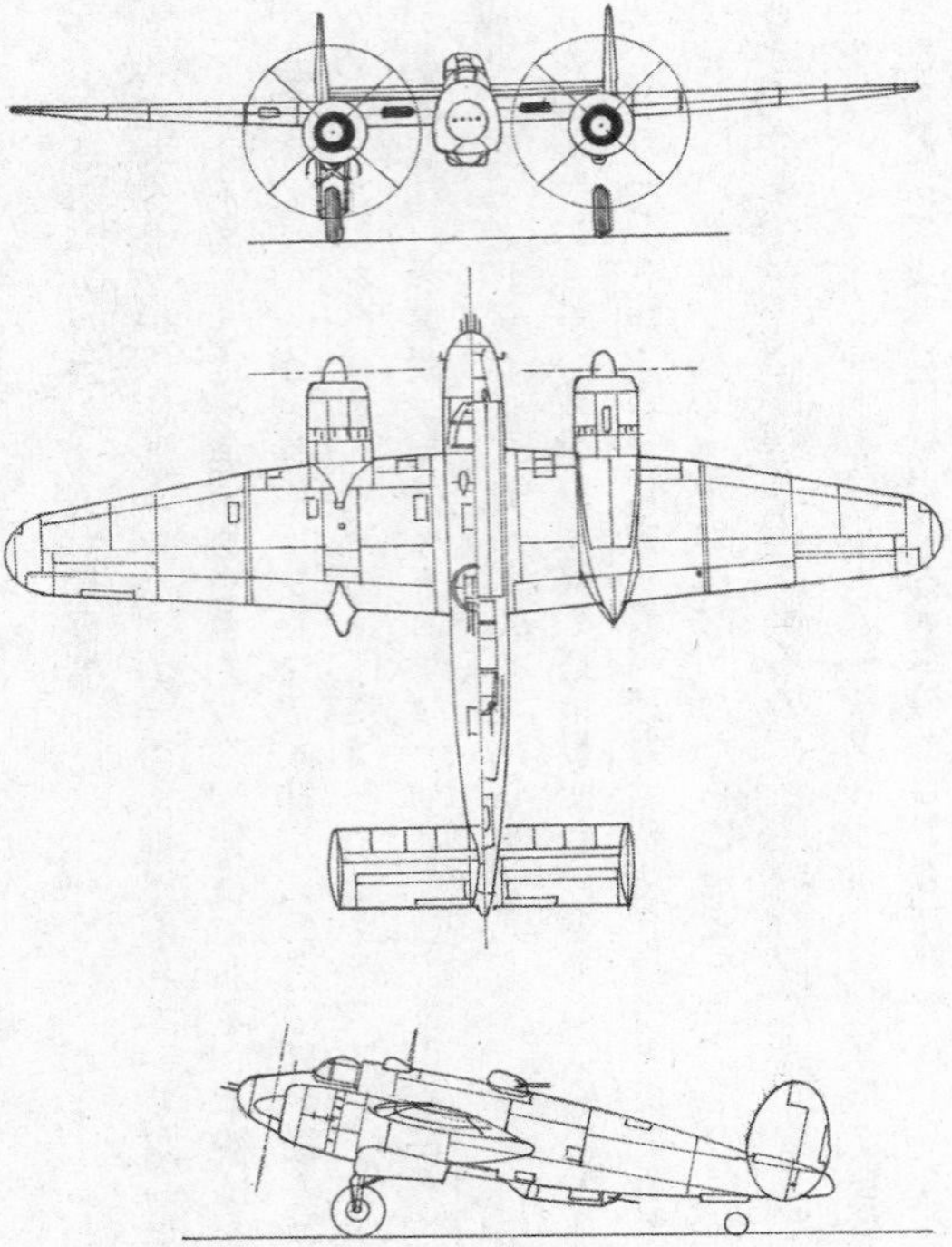

ブリストル「バッキンガム」爆撃機

ブリストル「バッキンガム」爆撃機

のであった。

本機に対する量産命令は一九四二年二月当時に四〇〇機が出されていたが、しばらくは生産は見送られていたのだ。そしてエンジントラブルが解決したのは一九四四年に入ったころで、本機を改めて量産する目的が無くなってしまった。

「バッキンガム」は結局一一九機の生産で終わりを告げたのである。しかも造られた機体も本来の目的ではなく多くは高速輸送機に改造され、また高速連絡機としても運用されることになったのである。

本機の基本要目は次のとおりである。

全幅　二一・八九メートル
全長　一四・二七メートル
自重　一万八九〇キロ
エンジン　ブリストル・セントーラス11（空冷複列星形一八気筒、最大出力二五二

〇馬力）二基
最高速力　五三一キロ／時
上昇限度　七六二〇メートル
航続距離　五一二〇キロ
武装　七・七ミリ機関銃七梃、爆弾一八〇〇キロ

14、ヴィッカース「ウォーウィック」爆撃機

「ウォーウィック」は第二次大戦前半のイギリス空軍爆撃航空団の主力爆撃機として活躍したヴィッカース「ウエリントン」の後継機としてヴィッカース社が開発した機体である。しかし本機の装備すべきエンジンの選定とその作用にともなうトラブルから、早期実用化が遠のき、爆撃機としての運命を絶たれた機体なのである。

ヴィッカース社は「ウエリントン」の後継機として、一九三五年のイギリス空軍省の次期爆撃機の仕様にもとづき新しい重爆撃機を設計した。

本機のエンジンには当時開発中であった強馬力のロールス・ロイス・ヴァルチャー・エンジンを搭載する計画であったが、同エンジンのトラブルにより開発が中断したのである。しかし改めて試作された最大出力一九八〇馬力のヴァルチャー5を搭載し

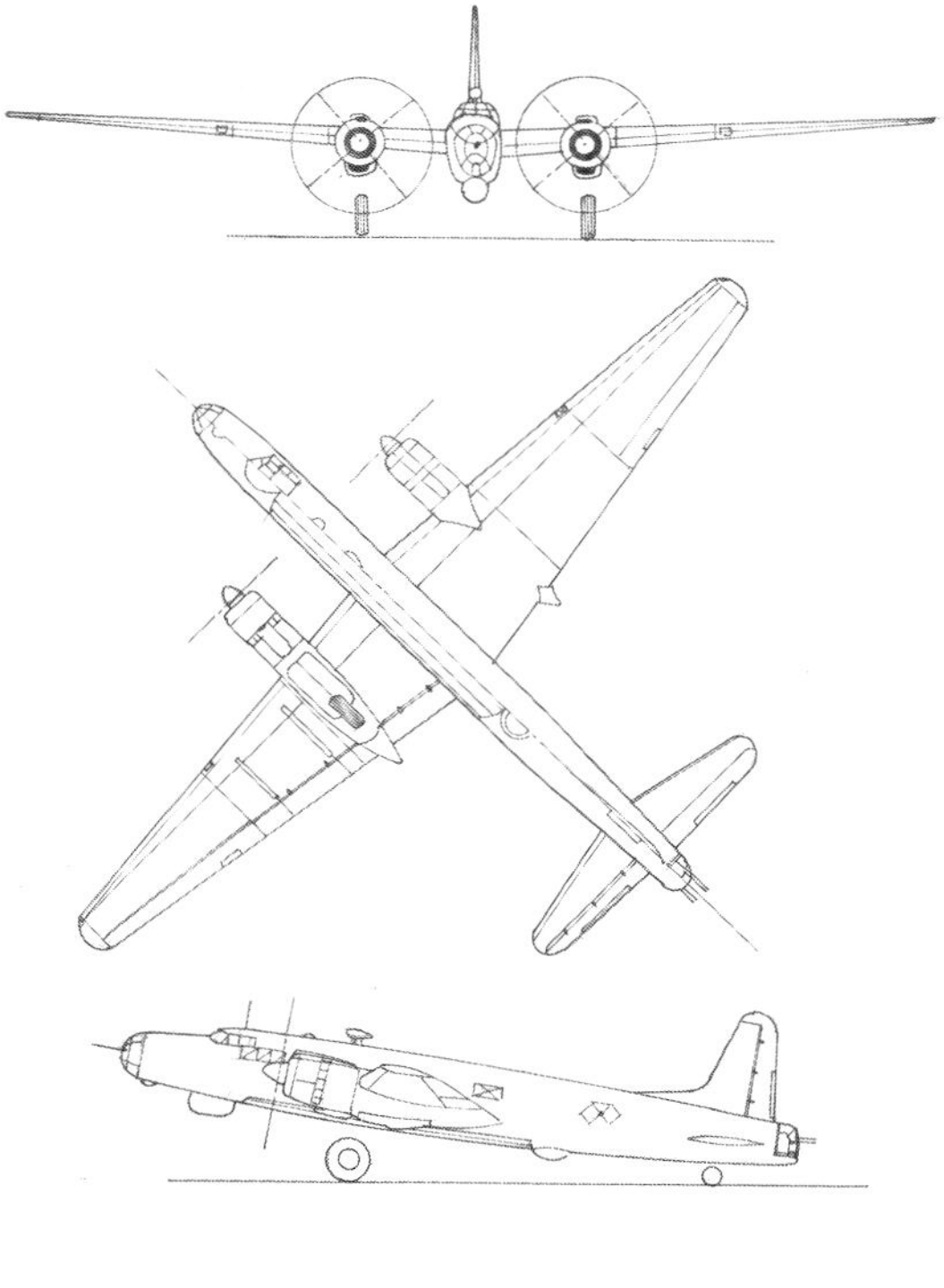

ヴィッカース「ウォーウィック」爆撃機

ヴィッカース「ウォーウィック」爆撃機

た試作機が一九三九年八月に完成し、試験飛行が実施されたのであった。

本機にはすでに「ウォーウィック」の呼称が与えられていた。

しかし結果はエンジンの不調から試験飛行はまともに行なえず、エンジンの選定に再び空虚な時間を費やすことになったのであった。そしてアメリカのプラット&ホイットニー社製の最大出力二五二〇馬力のR－2800ダブルワスプ・エンジンの採用が決まり、ようやく量産型の1型の生産にこぎつけることになったのである。すでにときは第二次大戦真っ只中の一九四二年十二月となっていた。なおその後エンジンは新たに開発された安定したブリストル・セントーラス7・エンジンに交換された。

この頃にはすでにハンドレページ「ハリファックス」やアヴロ「ランカスター」などの四発重爆撃機の量産が

進み、両機はイギリス空軍の主力爆撃機の地位を固めていたのである。新たに「ウォーウィック」が加わる余地はなかったのであった。

本機の構造は「ウエリントン」爆撃機と同じく大圏構造式で、外板はすべて羽布張りという一時代前の構造であったのだ。

それでもイギリス空軍省は「ウォーウィック」の安定した飛行性能を評価し、洋上哨戒機として運用することを決め、暫定量産を行なうことにしたのであった。その後、本機は沿岸警備航空隊の哨戒機となって戦後の一九五〇年頃まで用いられ、アヴロ「シャクルトン」哨戒機と交代している。

本機の基本要目は次のとおりである。

全幅　二九・五メートル
全長　二一・五メートル
自重　一八四〇〇キロ
エンジン　ブリストル・セントーラス7（空冷複列星形一八気筒、最大出力二五二〇馬力）二基
最高速力　四六八キロ／時
上昇限度　七八四〇メートル

航続距離　三八四〇キロ
武装　一二・七ミリ機関銃一梃、七・七ミリ機関銃四梃、爆弾等二九〇〇キロ

第4章　ドイツの不運な軍用機

1、メッサーシュミットMe209V5戦闘機

一九三九年四月、ドイツはメッサーシュミットMe209Rで時速七五四・九七キロという速度記録を打ち立てた。この記録はレシプロエンジン航空機の世界公認最高速力として以後三一年間破られることはなかった。ここで紹介するMe209V5はこの記録樹立機と同じ記号であるが、まったく別の機体でほとんど知られていない戦闘機なのである。Me209Rという機体は速度記録用に特別に造られた特殊機であった。

第二次世界大戦の劈頭、イギリス空軍の「ハリケーン」や「スピットファイア」をしのぐ性能の戦闘機として、ドイツ空軍のメッサーシュミットMe109はヨーロッパの空を席巻した。しかし同機には大きな二つの欠陥があった。その一つは航続距離の短さである。これは主翼内に液冷エンジンの冷却装置を配置したために、主翼内に燃料タンクを設けることができず、胴体内の燃料タンクのみの使用となり、そのために航

続距離は七〇〇キロが限界となっていたのである。

この問題はイギリス空軍の「スピットファイア」戦闘機も同様であったのだ。しかも両機ともその後のエンジンの強化により燃料消費量が増して航続距離は極端に短くなり作戦上大きな障害となっていたのであるが、具体的な解決策は見出せないままとなっていた。

今一つの問題は同機の主脚に外側引き込み式を採用したことである（「スピットファイア」戦闘機も同じであった）。これは主脚間距離（トレッド）の短縮を招くことになり、とくに着陸時に安定性を欠き、多くの事故を招く原因にもなったのである。

ドイツ空軍は設計者メッサーシュミットにMe109のこれらの欠点を改善した、まったく新たな戦闘機の開発を求めたのである。そしてなぜか空軍はこの新型戦闘機にMe209V5の呼称を与えたのであった。つまり速度記録機の機体呼称「Me209V1〜V4」の連番としたのであるが、新たに造られる機体は速度記録機とは何の関係もないのだ。

設計陣はただちに新型戦闘機の試作に取りかかったが、開発期間の短縮の手段として量産中のMe109戦闘機と多くの部分（約六五パーセント）を共通としたのである。

そして既存のMe109と大きく違った構造としては、エンジンには最大出力一七五〇馬

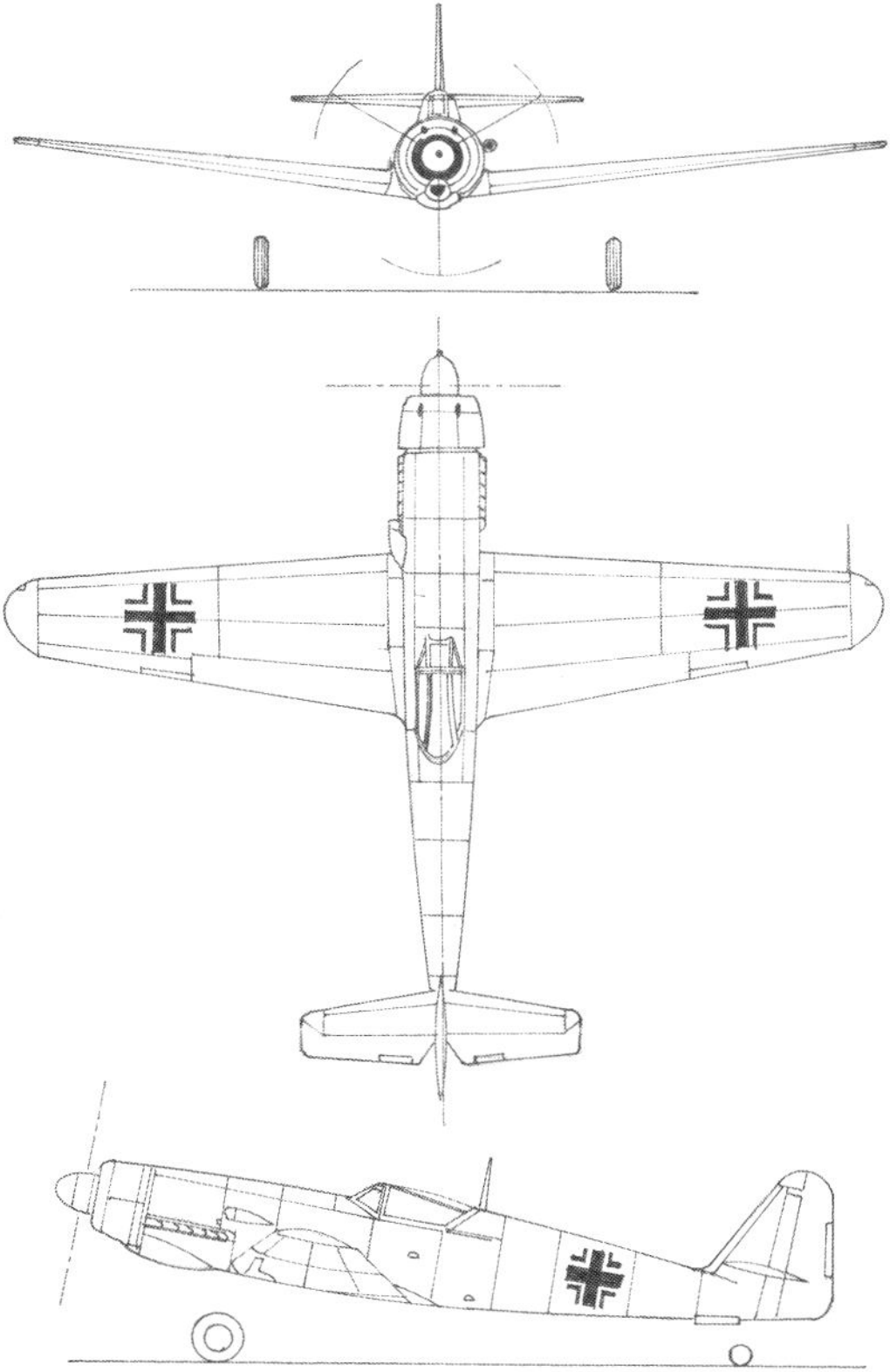

メッサーシュミットMe209V5戦闘機

メッサーシュミットMe209V5戦闘機

力のダイムラー・ベンツDV603Vを採用したが、冷却液の冷却装置はエンジン前端に環状冷却装置を配置したことであった。

これはすでに実用化が進んでいたフォッケウルフFw190D型戦闘機とまったく同じ構造・配置であった。その外観は一見空冷式エンジン搭載機に見えるのである。これにより主翼内の冷却装置は不要になり、本機はその空所に左右主翼内に合計四〇〇リットルの燃料タンクを装備することが可能になり、既存のMe109戦闘機と比較して二倍強の航続距離の延伸が可能になったのであった。

またMe209V5では主脚を内側引き込み式に改められており、離着陸の安定性が図られているのである。そしてさらに大きな改良はコクピットを与圧構造とし、高々度で来襲するアメリカ軍の重爆撃機に対する迎撃戦闘に際してのパイロットの負荷の低減を図ったことであった。

試作機は一九四三年十二月に完成し空軍の審査を受けた。その結果本機の性能は極めて優秀で、ただちに量産の準備に入ろうとしたのだ。しかしそれはできなかったのである。当時すでに次期戦闘機として本機と性能が拮抗するフォッケウルフFw190Dが完成しており、部隊配備も開始されていたのである。

空軍は戦況の逼迫からくる航空機生産の混乱を防ぎ、生産性の合理化を図るために、あえてこの高性能戦闘機の量産を中止したのである。

本機の基本要目は次のとおりである。

全幅　一〇・九五メートル
全長　九・六二メートル
自重　三二八三キロ
エンジン　ダイムラー・ベンツDV603A（液冷倒立V形一二気筒、最大出力一七五〇馬力）
最高速力　七二四キロ／時
上昇限度　一万二四〇〇メートル
航続距離　八〇〇キロ

武装　　一五ミリ機関銃二梃、一三ミリ機関銃二梃

2、ハインケルHe219「ウーフー」戦闘機

ドイツ語で「ウーフー」（UHU）とは猛禽類のフクロウの仲間のワシミミズクのことである。本機はレーダーを搭載した双発の夜間戦闘機で、まさに夜空を飛び相手を確実に急襲し取り押さえることを専門とするのである。

本機はもとは一九四〇年にアラドAr240多用途機（戦闘・爆撃・偵察）と同じ目的で開発が進められた機体であった。それを途中から夜間戦闘機として再設計したのであった。

一九四二年頃からドイツ本土に対するイギリス空軍爆撃機による夜間空襲が激化し始めた。これに対し夜間戦闘機を保有していなかったドイツ空軍は、ユンカースJu88やドルニエDo217爆撃機を夜間戦闘機に仕立てて、迎撃にあたらせていた。この状況のなかでドイツ空軍の夜間戦闘司令官のカムフーバー中将は、多用途機として開発中であった性能の優れたハインケルHe219を夜間戦闘機として改めて開発することを提案したのである。

本機は一九四二年に初飛行が行なわれ、飛行特性が極めて優れていることが立証さ

れていた。最高速力は当時のドイツ空軍の双発機の中では高速で時速六一九キロを記録している。ドイツ空軍のレヒリン航空機試験センターにおける模擬空戦でも、本機はライバルのユンカースＪｕ88やドルニエＤｏ217に圧勝していたのである。

この結果、本機はただちに夜間戦闘機として量産されることになり、ハインケル社は初期生産型三〇〇機の量産命令を受けた。

Ｈｅ219「ウーフー」による最初の夜間戦闘出撃は一九四三年六月四日で、この日デュッセルドルフに来襲したイギリス空軍の重爆撃機（「ハリファックス」と「ランカスター」）を迎撃、本機を操縦した夜間戦闘機のエースであるヴェルナー・シュトライプ少佐は、一気に五機の「ランカスター」重爆撃機を撃墜したのである。そして爆撃機の編隊に随伴していた「モスキート」夜間戦闘機一機も撃墜し、本機の優秀性を証明することになった。

「ウーフー」は特徴的な外観を持っていた。全幅約一八メートルと双発機にしては短い主翼で、胴体は全長約一六メートルである。そして本機は三車輪式で尾翼は双垂直尾翼式となっていた。またエンジンは最大出力一九〇〇馬力のダイムラー・ベンツＤＢ603Ｇが搭載され、環状冷却装置が装備されていたために空冷式双発機のように見えた。

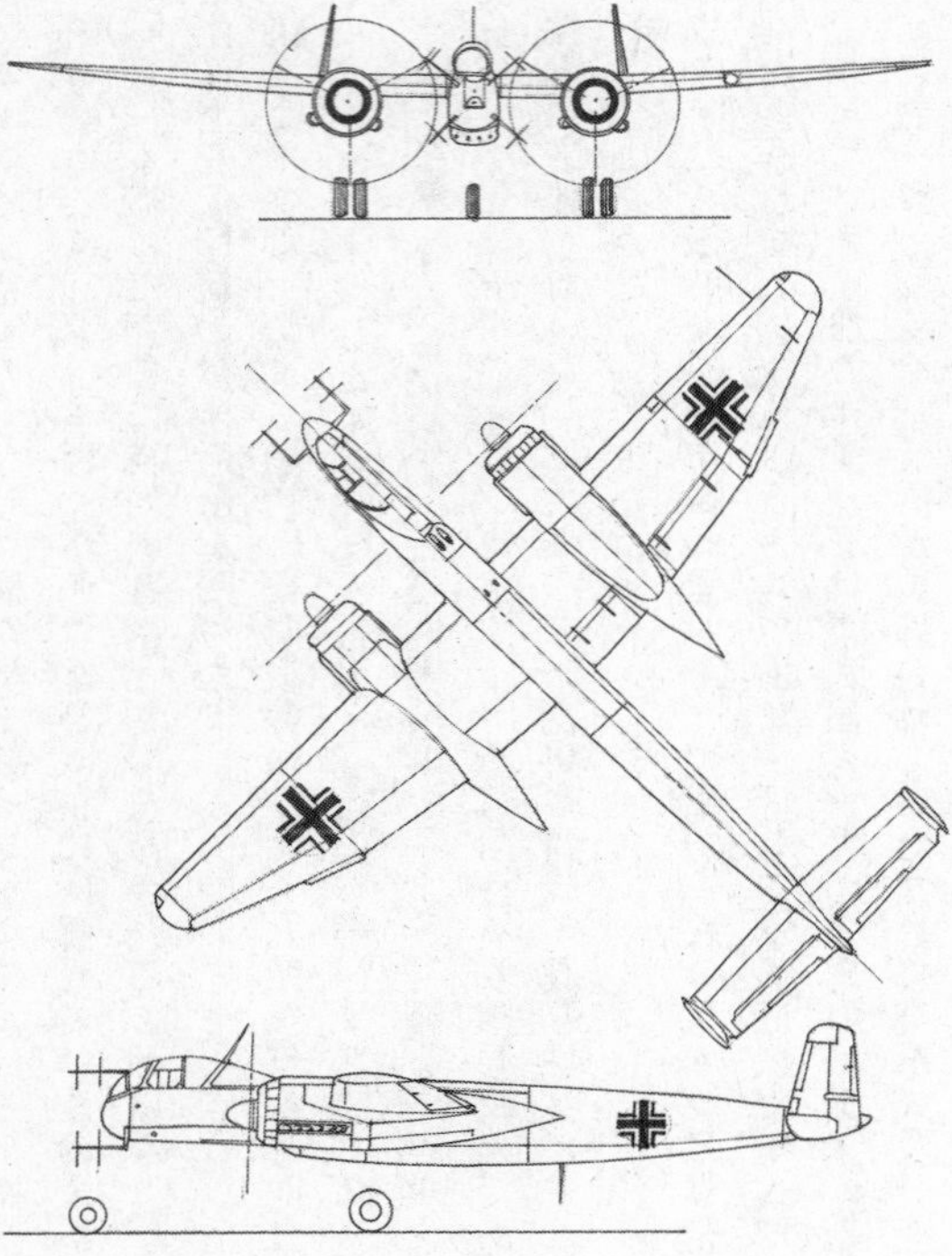

ハインケルHe219「ウーフー」戦闘機

ハインケルHe219「ウーフー」戦闘機

本機の武装は強力で胴体下部に二〇ミリ機関砲四門を装備し、機首にはレーダーが配備され、複座式の後部席はレーダー手席となっていた。

生産型のHe219A－7の最高速力は時速六二五キロを発揮し、イギリス空軍の「モスキート」夜間戦闘機より優速であったのだ。しかしなぜか量産が続けられなかったのである。結局本機は二六八機が造られただけであった。

優れた性能を持っていながら、なぜ本機の量産が捗らなかったのか。その原因としては様々な憶測がなされているが、一つには空軍が機種の統一という生産性の合理化から、爆撃機としてすでに量産が開始されていたユンカースJu188や次期生産型のJu388の優先を指示し、「ウーフー」の量産に拒否反応を示したからともされている。

また大戦勃発当初から、ドイツ軍首脳部とハインケル社との根強い確執が存在していたことは否定できず、不毛な確執の中であたらドイツ防空の要ともなる優秀な機体を失うことになったのである。

「ウーフー」には先進的な装置が装備されていた。それは搭乗員用の射出装置が設けられていたことである。そこには搭乗員席の位置の問題も大きく関わっていたが、本機をジェットエンジン化する計画もあり、将来性を見込んでのハインケル社の先進的な考想が存在していたのである。

本機の基本要目は次のとおりである。

全幅　一八・五〇メートル
全長　一六・三四メートル
自重　九二〇〇キロ
エンジン　ダイムラー・ベンツＤＢ603Ｇ（液冷倒立V形一二気筒、最大出力一九〇〇馬力）二基
最高速力　六五〇キロ／時
上昇限度　九三〇〇メートル
航続距離　二一五〇キロ
武装　二〇ミリ機関砲四門

３、メッサーシュミットＭｅ410「ホルニッセ」戦闘機

ドイツ空軍は一九三七年にメッサーシュミットＭｅ110双発戦闘機を完成させた。しかし本機よりさらに高性能な機体の開発をメッサーシュミット社に求めたのである。そしてその後この機体には戦闘機としてばかりではなく、偵察機や急降下爆撃としても使用できる性能を要求したのであった。

メッサーシュミット社はＭｅ110に続く機体としてＭｅ210の設計を一九三八年に開始し、翌年九月にこの機体を完成させた。同機は前作のＭｅ110とは異質の機体となり、エンジンには液冷最大出力一三五〇馬力のダイムラー・ベンツＤＢ601Ｆ１が搭載された。

Ｍｅ210は主翼や胴体の長さはＭｅ110と大きくは変わらないが、主翼の形状はＭｅ110の直線テーパー式から、主翼前端に二つの角度を持つテーパー主翼を採用し、二基のエンジンの先端（スピンナーの位置）が胴体先端より前方に突出し、操縦席は胴体先端に達する、それまでの双発機とは異なる外観となっていた。また本機の胴体下面には小型の爆弾倉も配置されていたのである。胴体後方両側面には偵察員が操作する一三ミリ機関銃がそれぞれ一梃ずつ装備され、後方からの敵機の攻撃に対する防御火器

としたのである。

試作機の試験飛行の結果は芳しいものではなかった。本機の採用した前端二段式テーパー主翼と胴体の短さが機体の安定性を阻害し、飛行中に突然スピンに陥りやすいという独特の欠陥を生んだのである。

しかし空軍は本機の強力な武装、二〇ミリ機関砲二門、一三ミリ機関銃二梃、七・九二ミリ機関銃二梃、そして爆弾五〇〇キロの搭載能力と、最高時速六一六キロという高速を評価し、量産を命じたのである。そこにはバトル・オブ・ブリテンにおけるMe110双発戦闘機の性能不良に対する空軍の焦りがあったようである。

この判断は間違いとなったのだ。初期生産型装備の部隊が東部戦線に配置されたが、飛行中の突然の不意自転が多発し事故を誘発、本機の実戦配備は中止されたのである。

その直後から、自転防止対策として胴体を七〇センチ延長する改造が施されたが、根本的な解決策とはならず本機の量産は中止された。本機の総生産数は四四九機とされている。

空軍はMe210の持つ特質を捨てきれず、メッサーシュミット社に対し改良型の至急の開発を命じたのである。そして同社はMe210に各種の改修を加えたMe410を開発したのであった。完成した機体は一見前作のMe210に酷似していたが、多くの改良が施

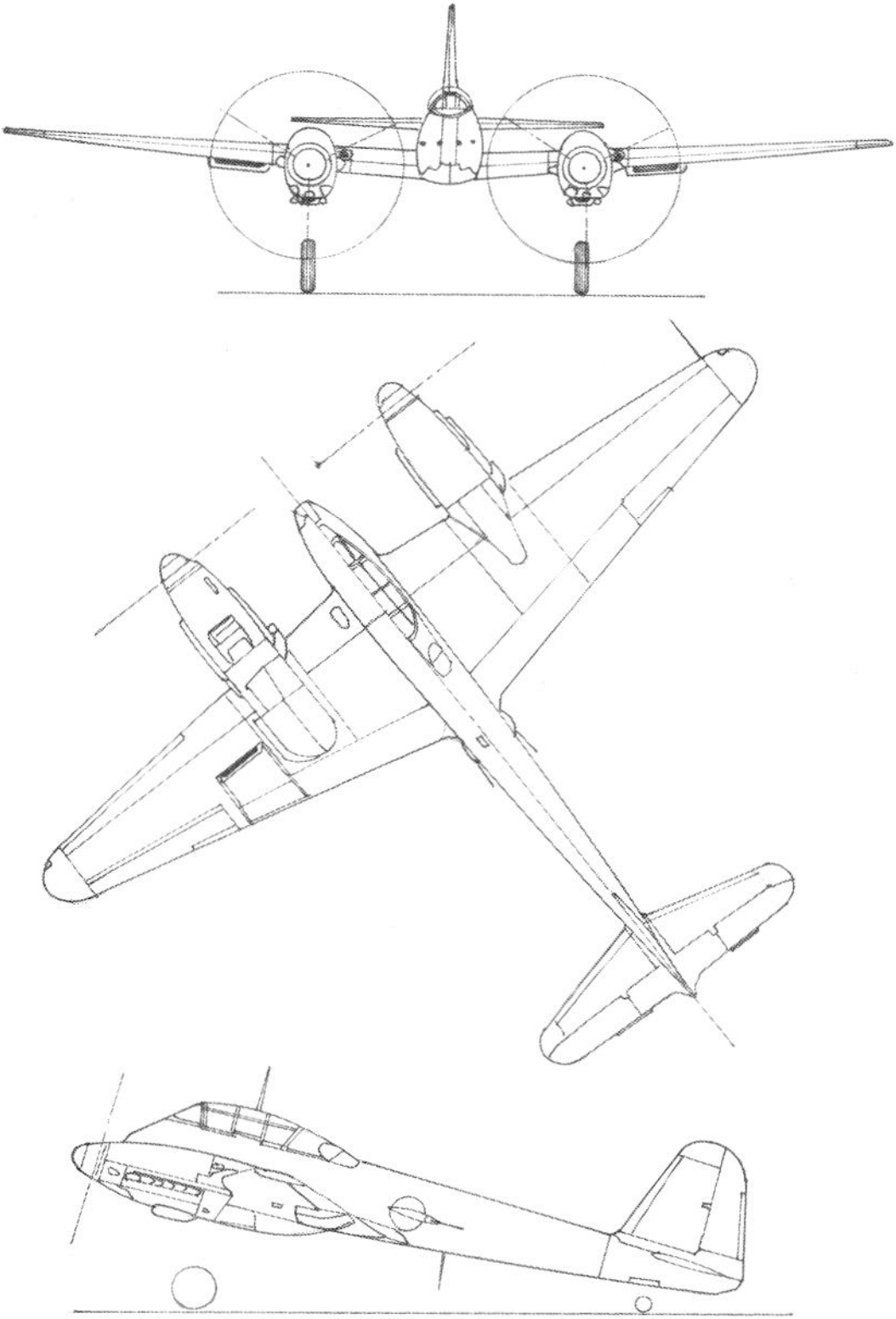

メッサーシュミットMe410「ホルニッセ」戦闘機

メッサーシュミットMe410「ホルニッセ」戦闘機

され、新しい双発戦闘機として完成したのである。
Me210とMe410の主な違いは次のとおりであった。
イ、エンジンを最大出力一七五〇馬力のダイムラー・ベンツDB603Aに交換。
ロ、エンジン全長が延長されたために、両エンジンの先端が機首よりさらに前方に伸びた。
ハ、胴体を六〇センチ延長した。
ニ、前端二段式テーパーの主翼を直線テーパーに変更した。
ホ、主翼内の燃料タンクの容量を増し、航続距離を二三〇〇キロに延長した。
これらの改造により本機は前作のMe210の持っていた悪癖は改善されることになったのである。

空軍はこの結果に満足しただちに本機の量産を命じ、一九四三年から翌年にかけて合計一〇一三機のMe410「ホルニッセ」が量産された。そして時あたかも激烈の度を増していたイギリスとアメリカの重爆撃機によるドイツ本土爆撃の主力防空戦闘機として本機を送り出したのである。

「ホルニッセ」戦闘機には様々な武装型式が存在する。機首下面に二〇ミリ機関砲四門、または六門を装備するタイプ、五〇ミリ機関砲一門に二〇ミリ機関砲二門を装備するタイプ、三〇ミリおよび二〇ミリ機関砲それぞれ二門を搭載するタイプ等々である。

しかし「ホルニッセ」の防空戦闘機としての戦闘は一九四四年前半までであった。アメリカ陸軍は昼間爆撃機群に長距離戦闘機ノースアメリカンP51「マスタング」の大編隊を随伴させ始めたのである。単発戦闘機に対し運動性の劣る本機を昼間迎撃戦闘に出撃させることが不可能になったのである。ここで本機にレーダーを装備し夜間戦闘機として投入することは、機体の構造上不可能だったのである。

Ｍｅ410の愛称「ホルニッセ」（ＨＯＲＮＩＳＳＥ）とはスズメバチのことである。一時はアメリカ重爆撃機群に対し猛烈なスズメバチ攻撃をかけて多くの撃墜記録を挙げたが、戦争末期には防空戦闘機として動きが取れず、不遇をかこつ機体となってしまった。

本機（Ａ－1）の基本要目は次のとおりである。

全幅　一六・三八メートル
全長　一二・七五メートル
自重　六一五〇キロ
エンジン　ダイムラー・ベンツDB603A（液冷倒立V形一二気筒、最大出力一七五〇馬力）二基
最高速力　六二四キロ／時
上昇限度　八九〇〇メートル
航続距離　二三三〇キロ
武装　二〇ミリ機関砲四門、一三ミリ機関銃二梃、七・九二ミリ機関銃二梃、爆弾五〇〇キロ

4、フォッケウルフFw187「ファルケ」戦闘機

本機は試作で終わった戦闘機であるが、その試作機は実戦でも使われた変わった経歴の戦闘機である。本来は制式機として採用されても不思議ではない優秀な戦闘機であったが、不可解な事情もあり試作で終わった双発複座戦闘機なのである。

一九三六年にフォッケウルフ社はドイツ空軍から双発単座戦闘機三機の試作命令を

受けた。この命令に対し翌一九三七年に同社は三機の双発戦闘機を完成させた。

本機のエンジンには最大出力六八〇馬力の液冷エンジン（ユンカース・ユモ210）が搭載された。また本機の胴体は単座戦闘機並みに細く、主翼には両エンジンを起点にする軽い逆ガル主翼が採用されていた。試験飛行の結果、本機は最高時速五二〇キロという当時の単発戦闘機に匹敵する速力を記録したのである。

ドイツ空軍はこのときすでにメッサーシュミット社に対し複座の双発戦闘機の試作を命じており、フォッケウルフ社に求めた機体はあくまでもメッサーシュミット社が開発する双発戦闘機との比較試験が目的のようであった。当初からフォッケウルフ社が開発した戦闘機を採用する意向はなかったらしいのである。

しかし空軍はこのフォッケウルフ社の双発戦闘機の高性能に興味を示し、新たに六機の増加試作を命じたのであった。つまり空軍省が本命として試作していたメッサーシュミット社の双発戦闘機（後のＭｅ110戦闘機）より本機の方が性能は優れていたのである。

追加試作機は全機が一九三九年九月までに完成したが、六号機のエンジンはより強力な最大出力一〇五〇馬力のエンジン（ダイムラー・ベンツＤＢ600Ａ）が搭載されており、メッサーシュミット社の試作機よりはるかに優れた性能を示したのであった。

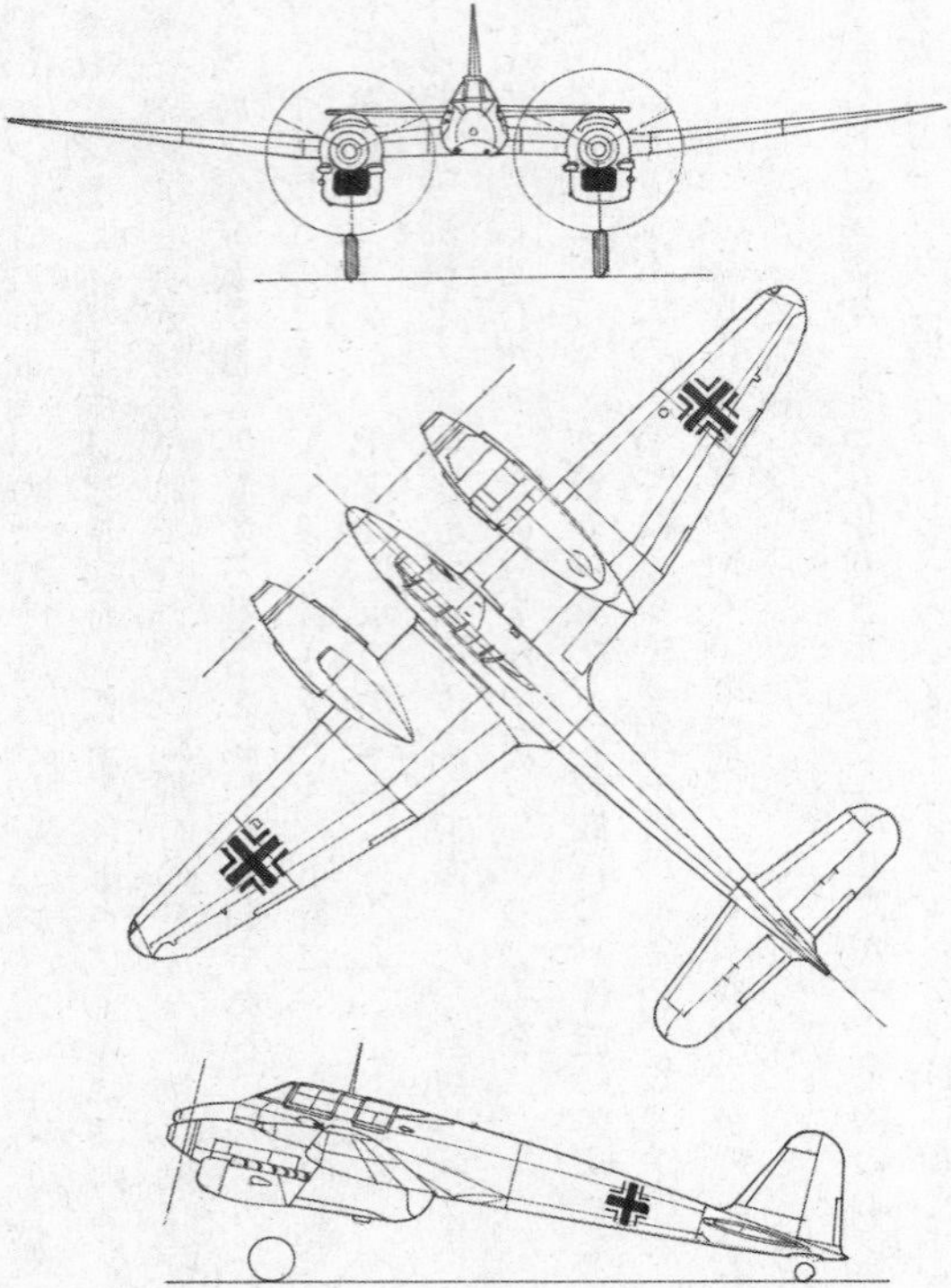

フォッケウルフFw187「ファルケ」戦闘機

フォッケウルフFw187「ファルケ」戦闘機

最高時速は六三六キロを記録したが、この速力は当時実用化されていた単発戦闘機メッサーシュミットMe109より高速だったのである。

本機は破格の性能を示したのだが、空軍は本機を採用することなく、メッサーシュミットMe110を制式採用し、それ以上の開発を中止したのであった。

この不可解な判定については当然、疑惑が残ることになったが、戦後の巷の情報によれば、当時のヒトラー総統、およびドイツ空軍最高幹部と複数の航空機製造会社の間に何らかの軋轢があったとされており、その犠牲として一時的にフォッケウルフ社、また長期にわたりハインケル社との不和がもたらされていたという。つまり優秀な戦闘機が憂き目をみたことになるのである。

本機の武装は当時としては強力であった。二〇ミリ機関砲二門を機首下面に装備し、七・九二ミリ機関銃をそれぞれ二梃ずつコクピットの両側面に配備するという武装が施されていたのだ。

フォッケウルフ社はこの六機の増加試作機で独自の防空戦闘機隊を編成し、同社のブレーメン工場の防空専用戦闘機としてしばらく運用し、同工場の爆撃に現われたイギリス爆撃機に対し相当の戦果を挙げたのである。

一方ドイツ空軍はどういう思惑か、本機を空軍の戦力誇示（プロパガンダ）の題材として用いたのである。六機のFw187を列線とし、パイロットや整備員を配置させて、いかにも本機が実戦部隊に配備されているかのような写真を海外向けに喧伝したのであった。事実イギリスも日本もこの写真に一時惑わされ、Fw187が多数配備されているものと判断していたのである。ちなみに「ファルケ」とは鷹のことである。

本機（増加試作機）の基本要目は次のとおりである。

全幅　一五・三メートル
全長　一一・一メートル
自重　三七〇〇キロ
エンジン　ダイムラー・ベンツDB605（液冷倒立V形一二気筒、最大出力一〇五〇馬力）二基、

最高速力　六三五キロ／時
上昇限度　一〇〇〇〇メートル
航続距離　一〇〇〇キロ
武装　　二〇ミリ機関砲二門、七・九二ミリ機関銃四梃

5、ハインケルHe100戦闘機

ハインケルHe100はフォッケウルフFw187と同じく、極めて優れた性能を示しながらドイツ空軍からは不採用となってしまった。そして増加試作された機体を利用し、空軍は本機をFw187と同様にプロパガンダに用いるという不可解な行為が行なわれた、いわくつきの戦闘機である。

ドイツ空軍は一九三三年に次期単座戦闘機の開発をメッサーシュミット社、フォッケウルフ社、そしてアラド社の三社に命じた。この時点ではハインケル社は指名には入っていなかったが、後に同社も開発命令を受けることになった。

ハインケル社はここでHe112を試作、同じくメッサーシュミット社はMe109によって評価試験を受けることになる。両機ともに良好な成績を示したが、最終的にメッサーシュミットMe109が採用となったのである。

　これに対しハインケル社は改めてハインケルＨｅ100を自主試作し、さらに空軍の評価を受けることになった。本機は一九三八年一月に完成した。この機体は前作のＨｅ112とは構造的に進化した大きな違いがあった。

Ｈｅ100の主翼はＨｅ112の楕円翼から直線テーパー式に改められ、主翼には軽い逆ガルが付いていた。また最も特徴的な構造は液冷エンジンの滑油冷却装置がそれまでの突出型ではなく、熱交換装置を主翼内に配置し、主翼の表面での熱交換冷却方式を採用したものとなっていた。このために機体には冷却装置の突出構造物はなく、胴体にも主翼にも空気抵抗が生じるもののない極めてスマートな形状となっていたのである。エンジンには最大出力一一〇〇馬力のダイムラー・ベンツＤＢ601が搭載され、同年八月に行なわれた高速試験ではＨｅ100は最高時速六八四キロを発揮したのであった。この速力はすでに制式採用が決まっていたメッサーシュミットＭｅ109よりも一〇〇キロ以上も高速だったのである。

　また本機の主車輪はその後Ｍｅ109の欠点と指摘されたトレッド（主脚間隔）の狭い外側引き込み式とは異なり、トレッドの広い内側引き込み式となっていた。

　ドイツ空軍はこの高性能戦闘機に対し、Ｍｅ109比較して着陸速度が速すぎる、操縦性能に欠点があるという理由で不採用としたのである。しかしここで空軍はハインケ

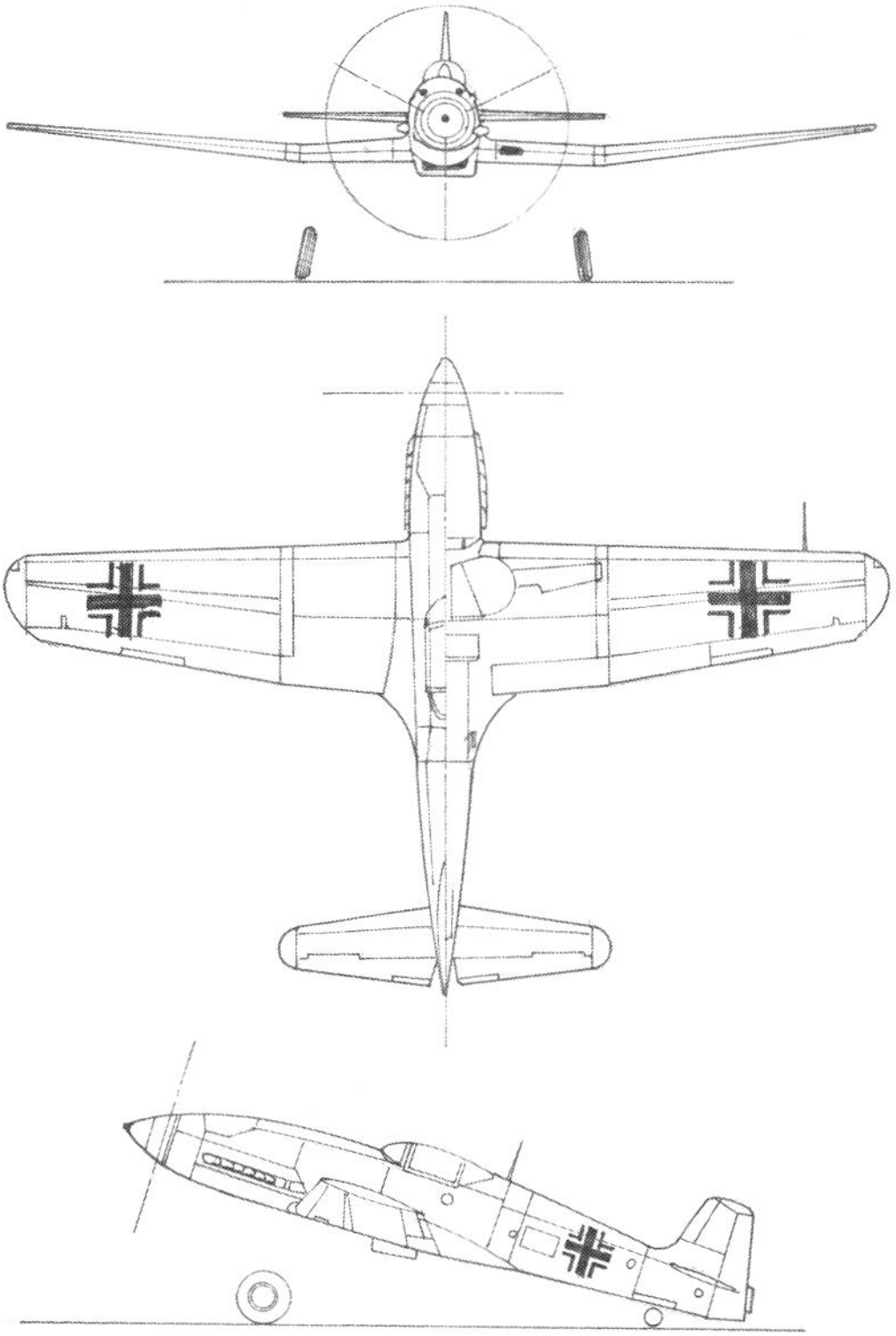

ハインケルHe100戦闘機

ハインケルHe100戦闘機

ル社に本機の増加試作機二〇機の生産を命じたのだ。

空軍は増加試作機をフォッケウルフFw187と同じく、対外用プロパガンダに使ったのであった。空軍は本機をハインケルHe113戦闘機として、実戦配備されたかのように海外向けに喧伝したのだ。事実日本も大戦中にはこの機体の存在を信じていたのであったが、その実態が判明したのは米英とともに戦後のことであった。

He100は一九四〇年（昭和十五年）に厳重なイギリス海軍の監視網を潜り抜け、船便で増加試作機三機が参考機体として日本に持ち込まれているのである。日本陸海軍は飛行試験を実施したが、時速六六五キロという日本では未知の速力を記録するなど、本機の特性が確認された。当時の日本の技術では高度な機能の再現への不安や操縦性能が日本戦闘機独特の旋回性優越との違いなどから、本機の国産化は見送られたという経緯がある。

本機は実戦に投入されていればメッサーシュミットMe109に優る性能を発揮した戦闘機と判断されており、ドイツ空軍にもてあそばれた戦闘機だったのである。

本機の基本要目は次のとおりである。

全幅　九・四〇メートル
全長　八・二〇メートル
自重　二〇七〇キロ
エンジン　ダイムラー・ベンツDB601A（液冷倒立V形一二気筒、最大出力一一〇〇馬力）
最高速力　六七〇キロ／時
上昇限度　一万一〇〇〇メートル
航続距離　九〇〇キロ
武装　二〇ミリ機関砲一門、七・九二ミリ機関銃二梃

6、ユンカースJu188爆撃機

本機はその外観がJu88爆撃機に酷似しているが、まったく別の機体である。Ju

188の制作はJu88を基本としているが、大幅にその性能を改善することを目的として開発が進められた四座の双発爆撃機である。

しかしJu88とは対照的にJu188は優れた性能を持ちながら、制式採用されながらも終始影の存在であったのだ。それはバトル・オブ・ブリテン以後、ドイツ空軍の爆撃機隊の活動が不活発であったことに起因するのである。

バトル・オブ・ブリテン終息後のドイツ空軍のイギリス本土への爆撃行は極めて不活発であった。その原因はイギリス空軍のドイツ本土に対する爆撃、イギリス戦闘機によるドイツ占領地域に対する積極的な制空活動、それに続くアメリカ重爆撃機群によるドイツ本土への爆撃の激化などであった。

ドイツ空軍はイギリスへの積極的な爆撃作戦を展開する前に、占領地域や本土に来襲する米英空軍戦力に対する防空戦闘に忙殺されてしまった。本来は必要不可欠なイギリス本土爆撃を展開することができず、爆撃機も防空戦闘機に駆り出される状況が続き、爆撃機隊の活動自体が不活発になっていたのである。

一九四三年頃からドイツでは戦闘機の生産を最優先としている。ドイツ本土の防空と東部戦線の航空戦力拡充のためで、爆撃機の開発と生産は二義的な立場となったのである。当時量産が続けられていたドルニエDo217双発爆撃機やユンカースJu88双発爆撃機は、その多くが夜間戦闘機として運用されていたのであった。

勿論このような状況のなかでも爆撃機の開発は進められていたが、開発の主眼は高速化、高々度、爆弾搭載量の増加にあった。つまりイギリス本土爆撃は高々度爆撃を前提としており、さらに大西洋を越えアメリカを往復爆撃する長距離爆撃を目的とした爆撃機開発となっていたのである。

ユンカースＪｕ188はイギリス本土爆撃を目標に開発された機体であった。当初この爆撃機はＪｕ88のエンジンを強化する方法で進められたが、その場合既存の機体では強度的に多くの不安が認められ、まったく新たな機体の設計が必要になったのである。採用するエンジンはＪｕ88の最大出力一二〇〇馬力に対し、一七〇〇馬力を搭載することが前提となっていたのである。

新たな爆撃機Ｊｕ188の試作機は一九四二年四月に完成した。機体にはＪｕ88の面影を残すが、主翼や尾翼、そして胴体はかなりの違いを見せていた。高々度飛行性能を高めるために主翼幅は延長され、翼端は高空での旋回性能を向上させるために尖った形状となっていた。垂直尾翼は高速化にともなう方向安定性を確保するために面積が増していた。

試作機は二機造られたが、それぞれ違うエンジンを搭載していた。一機のエンジン

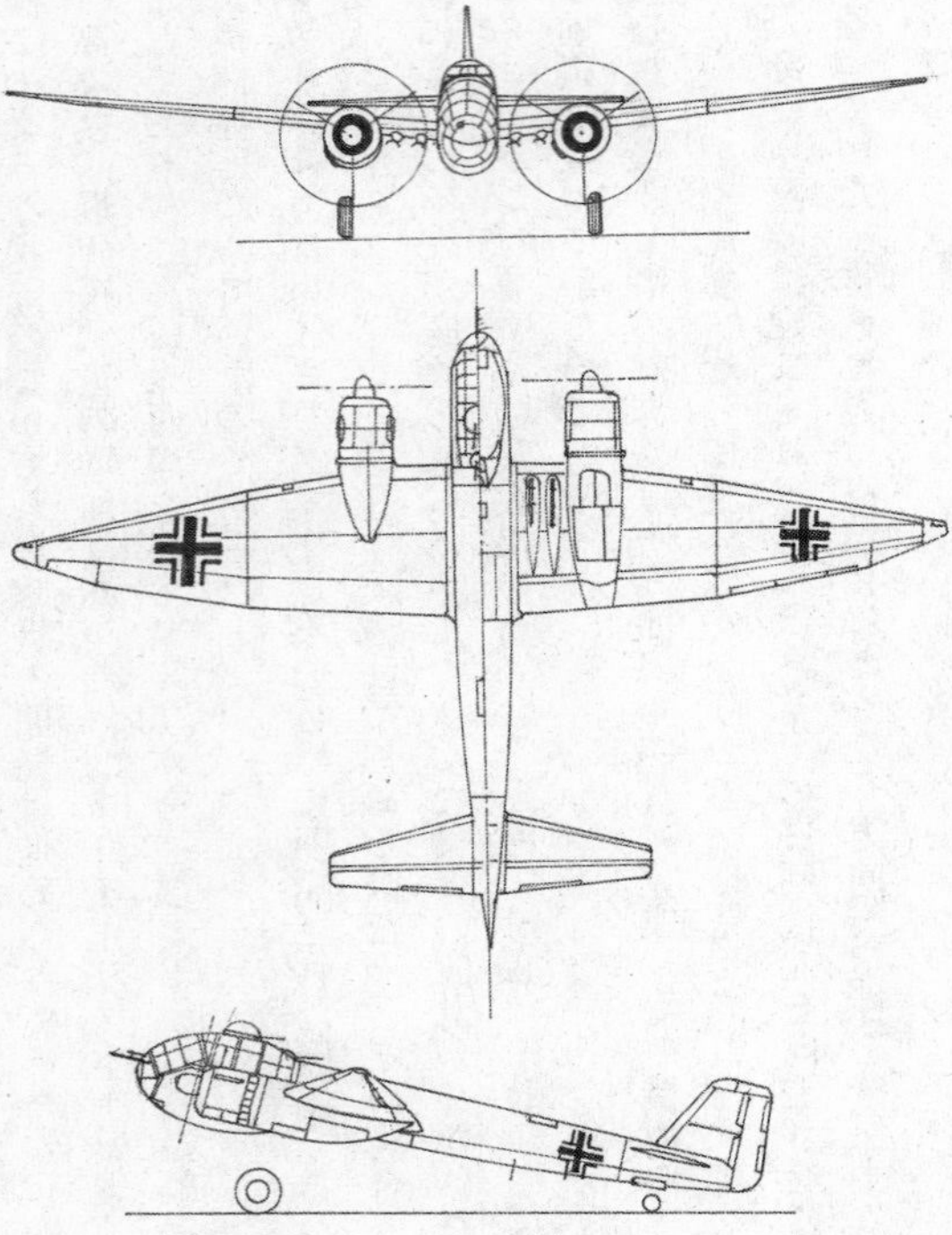

ユンカース Ju188爆撃機

は最大出力一七〇〇馬力の液冷ユンカース・ユモ213Ａ、もう一機には同馬力の空冷ＢＭＷ801が搭載され、比較されることになった。

両機体の性能にはほとんど差異は見られなかったが、最終的にはユンカース・ユモ・エンジンの搭載と決められたのだ。エンジン先端にはＪｕ88と同じく環状冷却器が装備され、空冷エンジン機に見える機体となった。最高速力は時速五〇六キロでＪｕ88よりも三〇キロ高速となっていた。

Ｊｕ188の外観上の大きな特徴は操縦席周辺の形状にあった。Ｊｕ88と同じく搭乗員四名はすべて機首に集中配置されたが、操縦席周辺は曲面ガラスが多用され卵型に形成されたのである。武装も強化され機首には二〇ミリ機関砲一門が装備され、爆撃手がこれを操作した。また卵型のコクピットの頂部には一三ミリ機関銃一梃の銃塔が配置され、コクピット尾端にも一三ミリ機関銃一梃が装備された。それぞれ後方機関士と通信士がこれを操作した。また機首下面後方向けに一三ミリ機関銃一梃が配備されていた。爆弾搭載量は最大二〇〇〇キロである。

Ｊｕ188はただちに量産に入ったが、生産は一九四四年に終了した。総生産数は一〇七六機で、その中で爆撃機として運用された機体は四六五機に過ぎなかったのである。他の大半は夜間戦闘機（一部偵察機）として使われている。

ユンカースＪｕ188爆撃機

本機が爆撃機として作戦に投入された代表的なものは、一九四四年一月から三月にかけて断続的に決行されたロンドン周辺に対する夜間爆撃作戦（シュタインボック作戦）くらいである。この爆撃はゲリラ的な作戦として同年八月頃まで断続的に続けられたが、そこでも主力となったのだが、本機が大々的に投入される爆撃作戦が展開されることはなかった。

ドイツ空軍ではＪｕ188の優れた性能を評価し、さらなる性能向上型を求める声が出てきたのである。ユンカース社はこれに対し本機の性能向上型爆撃機の開発を計画した。試作機Ｊｕ388も完成し量産の準備に入る予定であったが、戦況はもはや爆撃機を量産しその拡充を図る状況にはなく、この機体は試作機で終わることになった。

本機の基本要目は次のとおりである。

全幅　二二・〇〇メートル

全長　一四・九六メートル
自重　九八六〇キロ
エンジン　ユンカース・ユモ213A（液冷倒立V形一二気筒、最大出力一七〇〇馬力）二基
最高速力　五〇六キロ／時
上昇限度　九四六〇メートル
航続距離　一九五〇キロ
武装　二〇ミリ機関砲一門、一三ミリ機関銃三梃、爆弾二〇〇〇キロ

7、ハインケルHe177「グライフ」爆撃機

ドイツ空軍は一九三〇年代中頃に「ウラル爆撃機計画」にもとづく爆撃機の開発を推進した。「ウラル爆撃機計画」で求められた機体は、ドイツの仮想敵国であるソ連のウラル山脈付近までの航続力を有する長距離爆撃機であった。

しかしこの計画は、その推進者であるヴァルター・ヴェーファー将軍の事故死により中止となってしまった。この時点でドイツ空軍を掌握したのがヘルマン・ゲーリングである。彼は「ウラル爆撃機計画」に反対の立場をとっており、ドイツ空軍爆撃戦

力のあるべき姿を、地上戦での戦術支援に徹することとしていた。これはヒトラー総統が抱いていた「急降下爆撃の推進」とも一致し、「今後の爆撃機はすべて急降下爆撃が可能な機体であること」という方針を固めることになったのである。この方針こそドイツ爆撃機のその後の運命、ある意味では悲劇を決することになったのである。

超重爆撃機である「ウラル爆撃機計画」は中止されたが、既存の爆撃機の開発は進められ、その中に「爆撃機A計画」という新しい爆撃機の開発が進められることになった。この爆撃機は双発爆撃機ドルニエＤｏ217、ユンカースＪｕ88、あるいはハインケルＨｅ111の性能をあらゆる面で上回る強力な爆撃機、つまりある意味では戦略爆撃機も包含した四発爆撃機まで、すべからく急降下爆撃が可能な機体として開発するという方針であった。

四発爆撃機に急降下可能な性能を持たせることは航空機設計者にとっては常識外の発想なのである。しかしこの計画は強引に進められたのである。

この計画にメッサーシュミット社、ハインケル社、フォッケウルフ社、ユンカース社が基本案を作り空軍に提示したのだ。その中から選ばれたのがハインケル社案であった。このとき空軍が各社に提示した基本計画は次のとおりであった。

イ、最高時速五四〇キロ

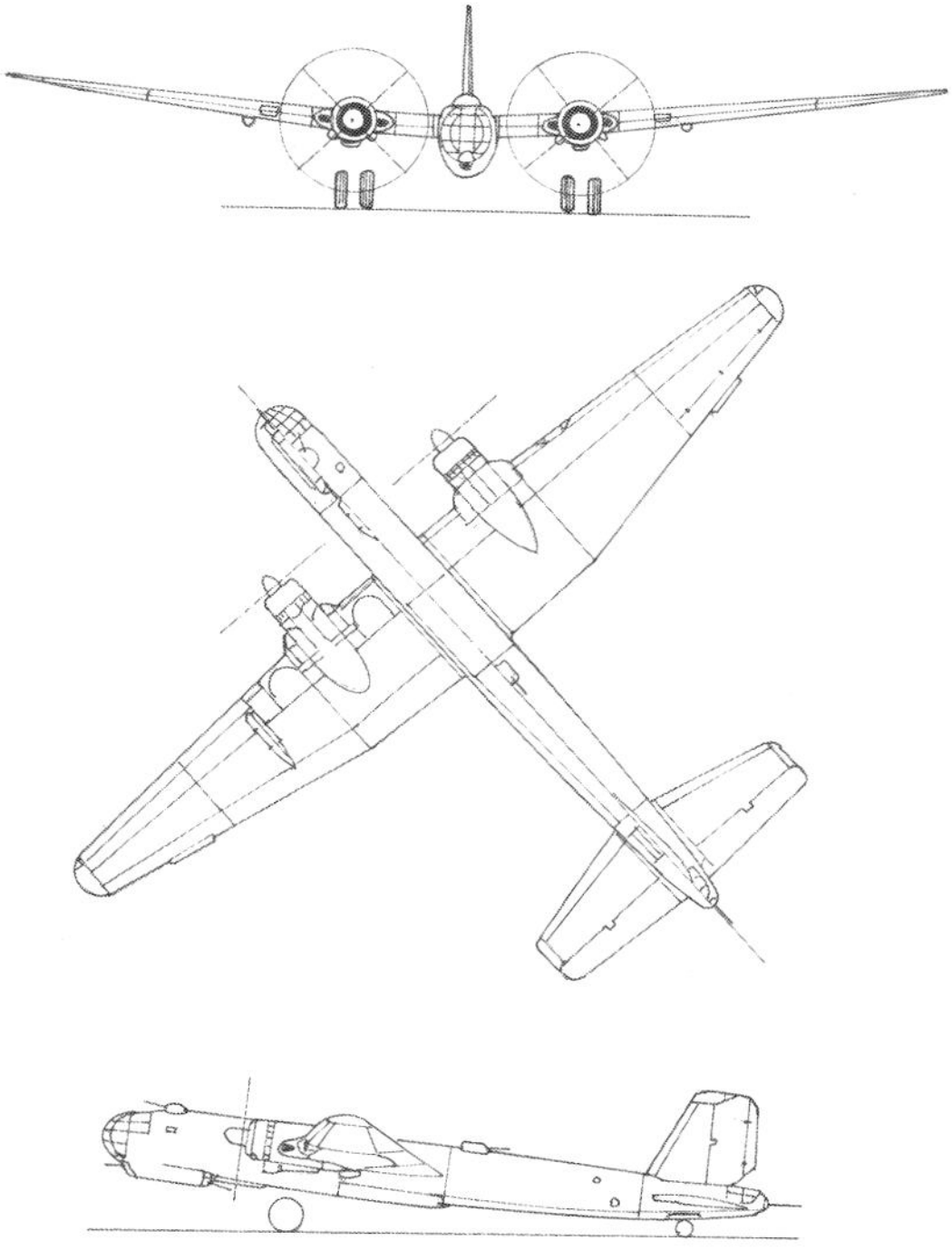

ハインケルHe177「グライフ」爆撃機

ロ、爆弾搭載量一〇〇〇キロ
ハ、行動半径三三五〇キロ
ニ、爆弾満載時の巡航速力時速五〇〇キロ
ホ、急降下爆撃が可能

当然のことながら、この条件を満たすことができる機体は、「ホ」を除けば四発爆撃機でなければ不可能である。また、条件「ホ」は、およそ四発爆撃機には機体の構造上、強度的に無理である。しかしハインケル社はこれらを満たすために特殊なエンジンを搭載したユニークな機体を生み出そうとしたのである。

ダイムラー・ベンツ社は二つのエンジンの回転を一つにまとめるという独創的な機構のエンジンを開発中であった。このエンジンは最大出力一三五〇馬力のダイムラー・ベンツDB601Eエンジンを二基並列に並べ、二つのエンジンの回転軸をギアを介し一本にまとめ、最大出力二七〇〇馬力を得ようとするものであった。

設計されたHe177の全幅は三一メートルに達した。また強力な出力を吸収するプロペラの直径は四メートルを超える巨大なものとなり、胴体は抵抗の少ない円筒形状で乗組員は機首に集中配置させた。主車輪の構造も独創的で二本の脚柱を平行して一緒に並べ、収容時には互いに内側と外側に主翼内に引き込まれる方式を採用したのであ

ハインケルHe177「グライフ」爆撃機

る。

試作機は一九三九年十一月に完成し試験飛行が行なわれた。その結果、巡航速力は時速五四〇キロ、航続距離六七〇〇キロを達成したが、早くもエンジンに問題が発生したのである。

二基のエンジンの同調ギアの不具合、エンジン周辺の温度上昇、滑油冷却装置の機能不全など、双子エンジン特有の問題が多発した。ときには火災も発生し、さらに主翼の強度不足も指摘され、急降下は不適と判断されたのである。しかしなぜか空軍は本機の量産を決めたのであった。

ハインケルHe177は一九四二年九月までに一〇二機が完成し、部隊編成も開始された。そして配備された部隊では飛行中の火災発生が頻発したのである。しかし空軍はさらに七三〇機の量産を継続し、新たな部隊編成も実施したのであった。

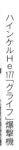

結局、本機は爆撃機ではなく洋上長距離哨戒機として運用されることになったが、エンジントラブルは後を絶たず、エンジン火災などで作戦行動中に失われる機体が続出することになったのであった。

一九四四年前半に行なわれたイギリス本土爆撃（シュタインボック作戦）にHe177一四機が夜間爆撃に出撃した。そのうち八機がエンジンのオーバーヒートで基地に引き返し、二機がイギリス夜間戦闘機により撃墜され、一機が出撃時のタイヤ破損で大破という散々な結果を残したのであった。

本機は東部戦線でも出撃しているが、その場合も多くの機体がエンジン不調で出撃を断念する事態となっていたのである。

こうした事態にハインケル社はHe177を通常の四発エンジン機に改良した機体をHe277として試作した。He277は安定した優れた性能を示したが、この頃には連合軍爆撃機によるドイツ本土爆撃が激化し、生産工場の準備もままならず、しかも爆撃機より戦闘機の増産が優先され、その量産は立ち消えとなったのである。

ハインケルHe177は不可解な理想のもとに開発された爆撃機であり、予想されたとおりの結果を招いた機体であった。ちなみに呼称の「グライフ」とは鷹の上半身とライオンの下半身をもった伝説上の怪物である。

本機の基本要目は次のとおりである。

全幅　三一・四六メートル
全長　二一・九〇メートル
自重　一六八〇〇キロ
エンジン　ダイムラー・ベンツDB610A／B（液冷倒立V形二四気筒、最大出力二九〇〇馬力）二基
最高速力　五六五キロ／時
上昇限度　八〇〇〇メートル
航続距離　五六〇〇キロ
武装　二〇ミリ機関砲二門、一三ミリ機関銃四梃、七・九二ミリ機関銃三梃、爆弾六〇〇〇キロ

第５章　ソ連の不運な軍用機

１、ラボーチキンＬａＧＧ－３戦闘機

本機は第二次世界大戦でドイツ軍がソ連領内に侵攻してからの約二年間、ソ連空軍の最も強力な戦闘機としてドイツ空軍に立ち向かったが、ことごとく撃破された戦闘機なのである。

この機体はソ連の戦闘機設計者であるＳ・ラボーチキン（Ｌａ）が、Ｖ・ゴルブノブ（Ｇ）とＭ・グドコフ（Ｇ）の協力を仰ぎ設計した単発単葉戦闘機である。

ＬａＧＧ－３の原型となるＬａＧＧ－１は一九三九年三月に初飛行に成功した。本機はただちに量産に入る予定であったが改良の余地があり、改めて制作した機体がＬａＧＧ－３戦闘機であった。両機体の最大の違いは航続距離で、ＬａＧＧ－３は一〇〇〇キロに伸長されている。

量産されたＬａＧＧ－３の実戦部隊への配備は一九四一年からで、ドイツ軍の怒濤

の攻撃の防空戦に投入されたのである。独ソ戦勃発当時のソ連空軍戦闘機の主力は複葉のポリカルポフI15と単葉のポリカルポフI16であった。これらの戦闘機はドイツ空軍のメッサーシュミットMe109戦闘機にはとうてい太刀打ちできる機体ではなく、ドイツ戦闘機パイロットの驚異的な撃墜記録を樹立させるだけであったのだ。

LaGG－3戦闘機は時速五七〇キロを記録し、ドイツ戦闘機に何とか対抗できる戦闘機としてソ連空軍の期待を一身に集めていたのである。本機は主翼・胴体・尾翼は骨格もすべて木製で外板は合板張りであった。ただ主翼の補助翼だけは金属骨組みの羽布張りという異形構造となっていた。

期待されて登場したLaGG－3であったが、ドイツ戦闘機には性能的に劣り苦戦を強いられていた。原因は木製機体の重量過多とエンジン出力の不足であった。速力は公表は時速五六〇キロであるが、実際は時速五二〇キロが限度という状態であったらしい。さらに不慣れな木製機体の組み立ての不手際（寸法違い、接着不良、成形不良等）が原因の空中分解、また木製機特有の機関砲弾の命中爆発による機体の空中分解など、本機特有の欠点が随所に現われて、ソ連空軍にとっては混乱と困惑の中での本機の投入となったのであった。

LaGG－3戦闘機の実戦投入は一九四一年八月からとされているが、当時のソ連

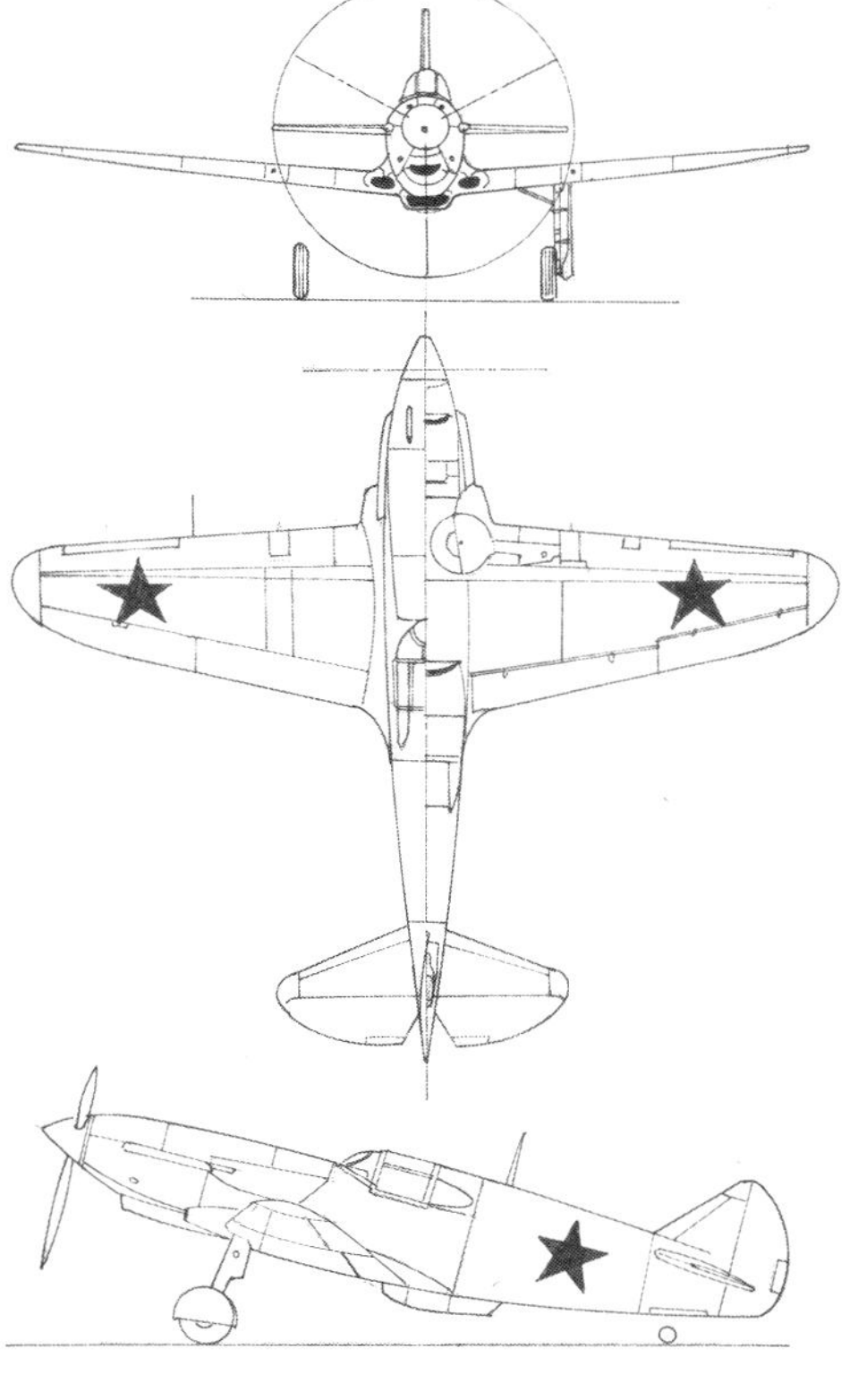

ラボーチキンLaGG－3戦闘機

ラボーチンLaGG－3戦闘機

空軍の戦闘機パイロットは急速養成の者が大多数を占めており、熟練パイロットのドイツ戦闘機隊は本機を圧倒していたのである。このために東部戦線で活躍したドイツ戦闘機パイロットの撃墜数は、数十機あるいは一〇〇機以上という異常に高い数値となったのである。一九四二年五月頃のソ連空軍戦闘機の半数近くは本機で占められていたのであった。LaGG－3の総生産数は六二五八機とされている。

LaGG－3の性能不足は如何ともしがたく、そこでエンジンを最大出力一六四〇馬力の空冷シュベツォフM82に換装し、これをLa－5戦闘機として送り出した。結果的には同機はLaGG－3戦闘機をはるかに上回る高性能機となり、木製機体の製造工程も改善され、一九四二年後半から一九四四年初めにかけてソ連空軍戦闘機の主力として活躍することになったのであった。

一九四二年（昭和十七年）の春、満州北東部のソ連国境に近いチャムスの畑地に一機のＬａＧＧ－３戦闘機が不時着するという事件が起きた。ソ連空軍に不満を持った下士官パイロットが本機で亡命してきたのである。

この情報は日本に通報され、陸軍の立川航空技術研究所の要員がただちに現地に飛び、調査が行なわれたのであった。機体は飛べるまでに修復されたが、不時着に際し胴体下面のラジエーターなどに損傷が起きており、完全な復旧とはならず日本へ空輸されることになった。しかしその後、福岡県の雁ノ巣飛行場で機体が大破し、本機の調査は不能になったのである。本機から得られる新しい情報は何もなかったが、当時進められていた木製機の制作にいくらかの有益な所見を得ることができたとされている。

ＬａＧＧ－３は整った環境で量産されていればドイツ戦闘機とも互角に戦える性能を持っていたが、多数の不良機体や急速養成パイロットなどにわずらわされた戦闘機であった。

本機の基本要目は次のとおりである。

全幅　　九・八〇メートル
全長　　八・九〇メートル

自重　二六二〇キロ
エンジン　クリモフM105PF（液冷V形一二気筒、最大出力一一八〇馬力）
最高速力　五七五キロ／時
上昇限度　九六〇〇メートル
航続距離　六六〇キロ
武装　二〇ミリ機関砲一門、一二・七ミリ機関銃二梃

2、ミグMiG-3戦闘機

ソ連は第二次大戦を前にして、起こり得る戦争への参戦を予期し様々な戦闘機や爆撃機・襲撃機の試作を進め、一部は量産も開始していた。これら一連の新型戦闘機の開発の中で生まれた機体の一つがミグMiG-1戦闘機であった。この戦闘機こそ、その後ジェット戦闘機の時代まで続く「ミグ戦闘機」の始祖なのである。

ミグとは設計者のA・ミコヤン（Mi）とM・グレビッチ（G）で組織する共同設計局「MiG」の略称である。ソ連の軍用機はそれぞれの機体を設計する設計局の呼称で呼ばれ、開発順にナンバーが付けられる仕組みになっているのである。つまり有名なジェット戦闘機MiG-15は同設計局の一五番目の設計による機体という意味で

ある。

同設計局は一九四〇年三月に試作番号I－61という戦闘機を完成させた。この機体は後にMiG－1と呼称され、テスト飛行の際にソ連で初めて時速六〇〇キロという記録を出したのである。ソ連空軍はこれを喜びただちに本機の量産を進めたのであった。

同機の構造は特殊であった。主翼の中央翼、胴体前半部、尾翼の舵面は金属製であるが、外翼、胴体後半部、尾翼は木製となっていた。

ただMiG－1には大きな欠点があった。胴体が短いために操縦が不安定で、とくに離着陸時の安定性に欠け、操縦の難しい機体だったのである。空軍は一刻も早く高速戦闘機を求めており、同機の高速力に魅せられ肝心の機体の安定性には目を向けなかったのであった。MiG－1は二一〇〇機も造られたが結果的には戦闘機として運用することができず、偵察機として使うしかなかった。

ミグ設計局はすぐにMiG－1の改良を行ない、一九四一年中に改良型となるMiG－3戦闘機を送り出したのである。この機体はMiG－1よりエンジン出力を強化し、プロペラ形状を改良、外翼の上反角を増して機体の安定性を高め、さらにコクピットを改造して後方視界を広げたのだ。

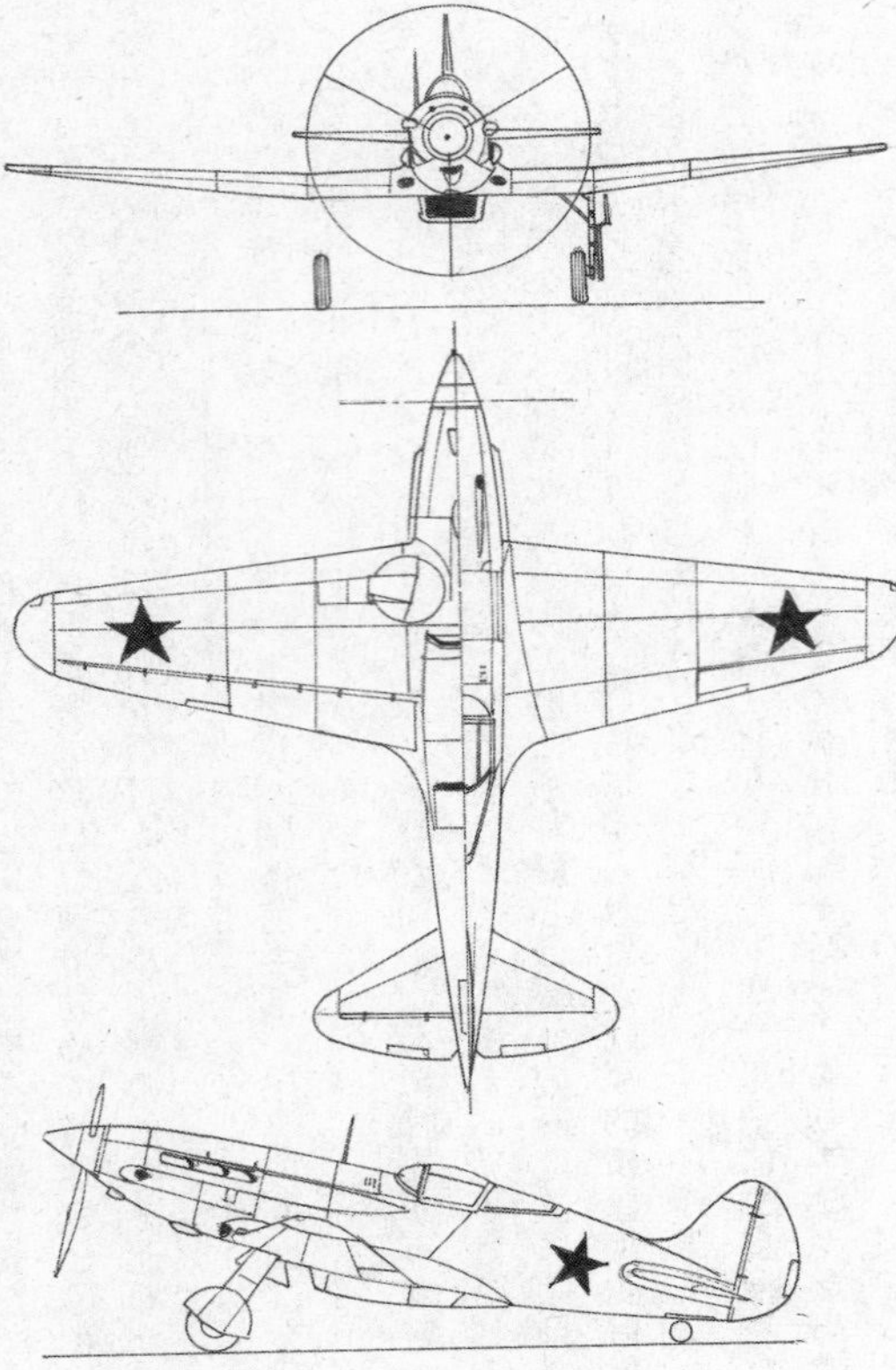

ミグ MiG－3戦闘機

ミグMiG－3戦闘機

MiG－3は試験飛行中に時速六五六キロを記録し、またソ連空軍を喜ばせ、量産に移されたのである。本機は約三〇〇〇機が量産されたが、ここでまたもや欠点が露呈することになった。飛行安定性と運動性の不良である。これではメッサーシュミットMe109やフォッケウルフFw190戦闘機と戦うことはできなかった。しかしソ連空軍最高の速力を出したことで、本機の設計者は名誉あるレーニン勲章を受章している。いまさら本機を不良戦闘機と評価することはできないのであった。

まもなく登場したLaGG－3を改良したLa－5戦闘機が、その後のソ連空軍戦闘機の戦力維持の基盤を作ることになり、ミグ設計局はジェット機時代まで優秀な戦闘機を誕生させることはかなわなかったのである。

本機の基本要目は次のとおりである。

全幅　一〇・二〇メートル
全長　八・二五メートル
自重　二六九九キロ
エンジン　ミクーリンAM－35A（液冷V形一二気筒、最大出力一三五〇馬力）
最高速力　六四〇キロ／時
上昇限度　一万二〇〇〇メートル
航続距離　八二〇キロ
武装　二〇ミリ機関砲一門、一二・七ミリ機関銃二梃

3、イエルモラーイエフYer－2爆撃機

イエルモラーイエフYer－2は第二次大戦中に実戦に投入された世界の数多くの爆撃機の中でも、最も知名度が低い爆撃機であろう。本機についてはこれまでほとんど対外的に紹介されたことがなく、写真を見かけることも少なかったのである。本機は双発の中型長距離爆撃機として開発されたが、実用化当初から絶対的に不足していた地上攻撃戦力に投入され、甚大な損害を出したのである。

そしてソ連空軍は長距離爆撃機の払底から本機を本来の目的の長距離爆撃機として

作戦に投入したが、その後の爆撃機に対する運用方法の変更から、高性能でありながらわずかの実戦投入の後にＹｅｒ－２は第一線部隊から引き揚げられたのである。

本機には原型があった。一九三八年に長距離旅客機Ｓｔａｌ－７という機体が造られ、同機はその後、翌年八月にモスクワを起点とする無着陸周回飛行に挑戦し、五〇八六キロの長距離無着陸飛行に成功したのであった。しかもこのときの平均時速は四〇五キロを記録し、一躍注目を浴びることになったのである。

ソ連空軍はＳｔａｌ－７に注目し、これを母体にした長距離爆撃機の試作をイェルモラーイェフ設計局に命じたのである。そして当初はＤＢ240の呼称で開発され、一九四〇年五月に試作機が完成しているが、その直後に呼称がＹｅｒ－２に変更されたのであった。

Ｙｅｒ－２の外観には様々な特徴があった。強いテーパーを持った広い面積の双発逆ガル式主翼、強い上反角を持つ双垂直尾翼付きの水平尾翼、機首の左側に偏って配置されたコクピットなどである。乗員は四名である。そしてエンジンには強力なディーゼルエンジンが採用されていた。

本機が双発爆撃機でありながら逆ガル式主翼を採用した理由は、主脚の強度を増すために主脚の長さを短くするための対策であったと考えられるのである。

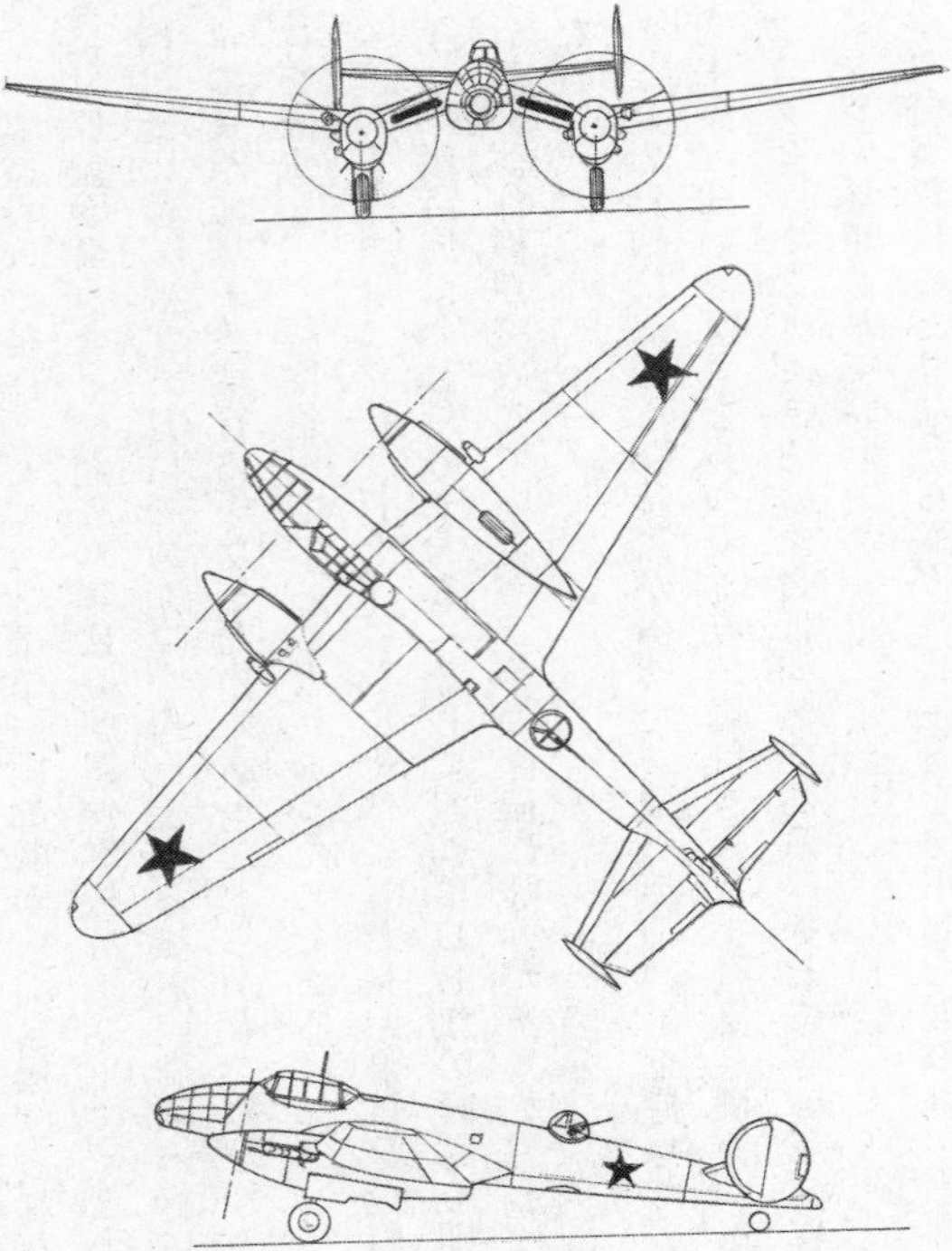

イェルモライェフYer－2爆撃機

イェルモライェフＹｅｒ－２爆撃機

　また本機には当初、最大出力一〇五〇馬力のクリモフＭ－105液冷Ｖ形一二気筒エンジンが装備されたが、アンダーパワーであったためにより強力なエンジンの装着が検討された。選定されたエンジンは最大出力一五〇〇馬力の液冷Ｖ形一二気筒ディーゼルエンジン、チャロムスキーＡＣｈ30であった。そして同エンジンの装備にともないプロペラは四枚ブレード式が装着されたのである。本機のディーゼルエンジン化は航続距離の伸長に効果がみられた。

　Ｙｅｒ－２は結果的には約三七〇機が生産されただけであった。ソ連空軍は当面の作戦からみて、ドイツ本土に対する長距離爆撃機よりもイリューシンＩℓ２のような地上襲撃機の大量生産を望んでいたのである。

　Ｙｅｒ－２が実施した長距離爆撃の実例は極めて少ないとされている。ペトリヤコフＰｅ－８重爆撃機と展開したベルリン爆撃やケーニヒスベルク爆撃が知られているだけである。本機は地上戦が主体となった東部戦線では作戦上、無用の機種となったのであろう。

本機の基本要目は次のとおりである。

全幅　二三・〇〇メートル
全長　一六・四二メートル
自重　一万四五五キロ
エンジン　チャロムスキーACh30B（液冷V形一二気筒ディーゼル、最大出力一五〇〇馬力）二基
最高速力　四二〇キロ／時
上昇限度　七二〇〇メートル
航続距離　五五〇〇キロ
武装　二〇ミリ機関砲一門、一二・七ミリ機関銃二梃、爆弾五〇〇〇キロ

4、ペトリヤコフPe－8爆撃機

ペトリヤコフPe－8爆撃機は、第二次大戦中にアメリカとイギリスを除く連合軍機の中で実戦に投入された唯一の四発重爆撃機である。

ソ連は大戦勃発前にツポレフANT－6（TB－3）という四発重爆撃機を保有していたが、この機体はあまりにも古色蒼然とした姿の低速機で、とうてい実戦に投入できる機体ではなかった。そこでソ連空軍はより進化した重爆撃機の開発に取り組み、ツポレフANT－42（TB－7）という四発重爆撃機の開発に着手した。ちなみに「TB」とはロシア語で重爆撃機の略称で、軽爆撃機は「SB」と呼ばれた。この呼称は第二次大戦の初期まで使われたが、その後は各機体を開発した設計局（ツポレフ設計局「Tu」、ペトリヤコフ設計局「Pe」など）の名前で呼ばれることになった。したがってペトリヤコフPe－8爆撃機は同設計局が開発した八番目の機体という意味である。

ツポレフANT－42爆撃機の試作機は一九三六年十二月に完成し、初飛行にも成功した。本機は全幅四〇メートル、全長二四メートルという巨人機で、直線テーパー翼の主翼も巨大であった。そして名称はペトリヤコフPe－8と改められている。

試験飛行時に搭載されていたエンジンは一九三六年当時のソ連では最大出力の一一〇〇馬力（ミクーリンM105）であった。巨人機にこのエンジンではアンダーパワーになるのは必定で、最高時速は四〇〇キロを下回りソ連空軍を落胆させたのである。

しかし一九三九年に出力が一三五〇馬力にパワーアップされたミクーリンAM－35

ペトリヤコフPe－8爆撃機

ペトリヤコフPe－8爆撃機

Aが完成し、Pe－8のエンジンは交換された。そして試験飛行の結果は、この機体に本来求められていた性能をクリアすることができたために、本機はただちに量産体制に入ったのである。本機の終盤には最大出力一七〇〇馬力のシュベツォフM－82空冷複列星形一四気筒エンジンが搭載された機体も出現したが、その数は少なく主力は液冷エンジン搭載であった。

Pe－8のエンジン系統には際立った特徴があった。四基のエンジンの滑油冷却装置は四発エンジンの左右それぞれ内側の第二および第三エンジンのナセル内に配置されており、このために第二、第三エンジンのナセルは、それぞれ主脚も収容するために巨大なものとなっていたのである。そしてこの二基の巨大なエンジンナセルの尾端には後方に射界を持つ機関銃座が設けられていた。

本機の武装は強力であった。機首に七・六二ミリ連装機関銃、胴体背部と尾部に二〇ミリ機関砲各一門、第二および第三エンジンナセル尾端に一二・七ミリ機関銃各一梃装備となっていた。そして胴体腹部には爆弾倉が設置されていた。

第二次大戦におけるソ連空軍の基本的な作戦方式は陸軍部隊との共同作戦にあり、敵地上部隊の攻撃が主体で、長距離戦略爆撃に対しては基本的に消極的で、Ｐｅ－８はその出番がなかったのが実情だったであろう。本機がどれほど量産されたのかは不明であるが、推定では一〇〇機を多少上回る程度と推定されている

Ｐｅ－８の存在がクローズアップされたのは、一九四二年六月、ソ連のモロトフ外相がアメリカを訪問した際、その乗機となった事である。このとき連合国諸国は初めて本機の明らかな姿を眺められたのである。Ｐｅ－８はソ連北西部の基地を出発し、アイスランドを経由してアメリカに到着、帰途はイギリスに立ち寄り、大型機の存在を誇示することになった。

本機の基本要目は次のとおりである。

全幅　四〇・〇〇メートル
全長　二四・五〇メートル
自重　二万七〇〇〇キロ

エンジン　ミクーリンAM－35A（液冷V形一二気筒、最大出力一三五〇馬力）
　四基
最高速力　四三〇キロ／時
上昇限度　八八五〇メートル
航続距離　四〇〇〇キロ
武装　二〇ミリ機関砲二門、一二・七ミリ機関銃二梃、七・六二ミリ機関銃
　二梃、爆弾四五〇〇キロ

第6章　フランスの不運な軍用機

1、ポテ631戦闘機

本機は一九三五年頃より世界的な流行として開発が進められた双発戦闘機の一機である。そして本機の本来の目的は戦闘・偵察・攻撃・連絡の多用途機であった。

原型機は一九三六年五月に初飛行したが、低出力エンジンのために思わしい性能が得られなかった。しかし翌年に出力六七〇馬力のノーム・ローン14M空冷エンジンを装備すると、最高速力は時速四〇〇キロを大幅に上回り、運動性と操縦性に優れた機体として生まれ変わったのである。

ポテ631はただちにフランス空軍で採用され、目的どおり多用途機として運用されることになったのである。量産機は一九三九年から出始め部隊編成も開始された。

本機は細長いフードを持つ細長い胴体に、細いテーパー翼と双垂直尾翼を持つ一見華奢な外観であった。基本武装は機首下面に二門の二〇ミリ機関砲を装備し、後部座

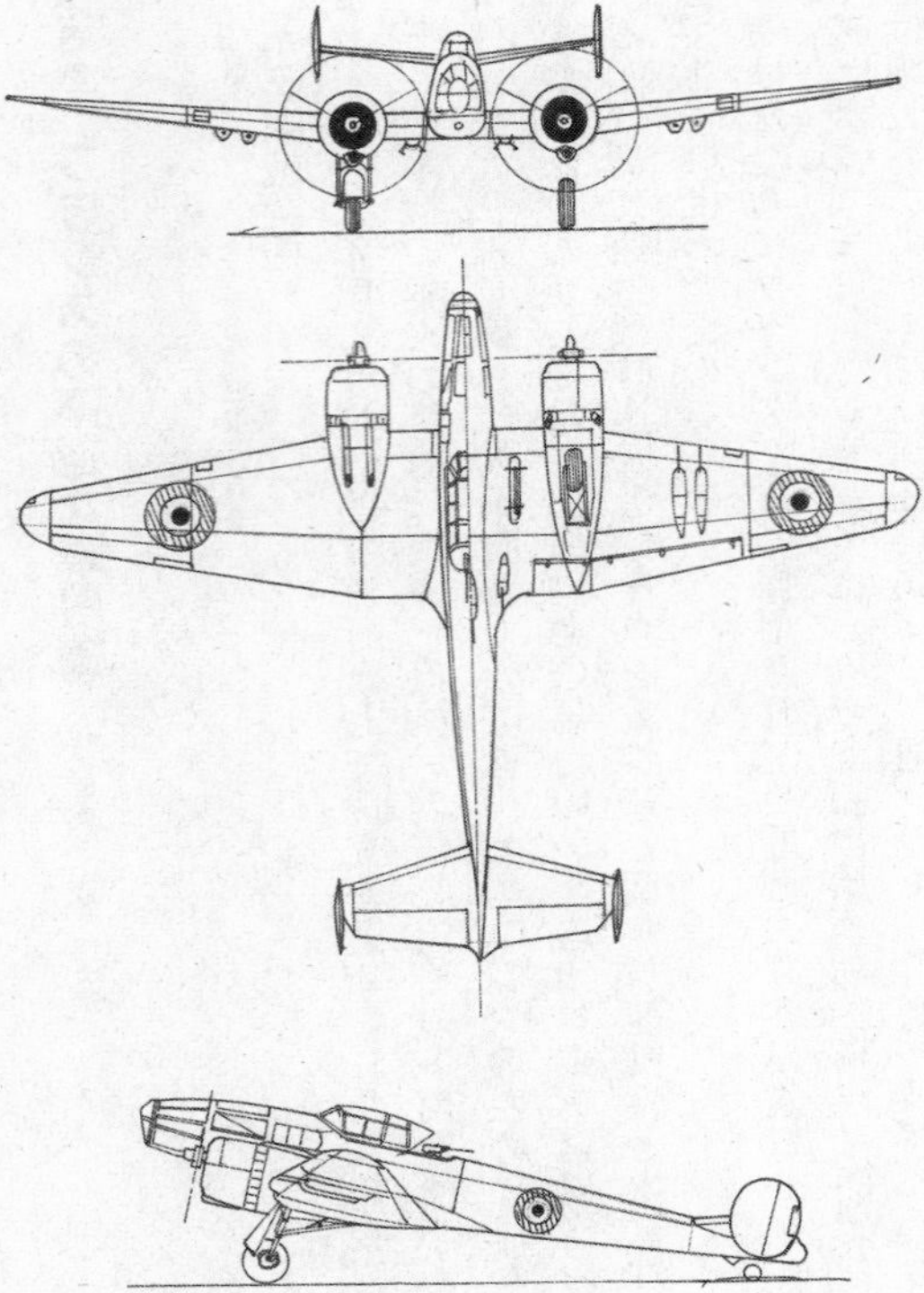

ポテ631戦闘機

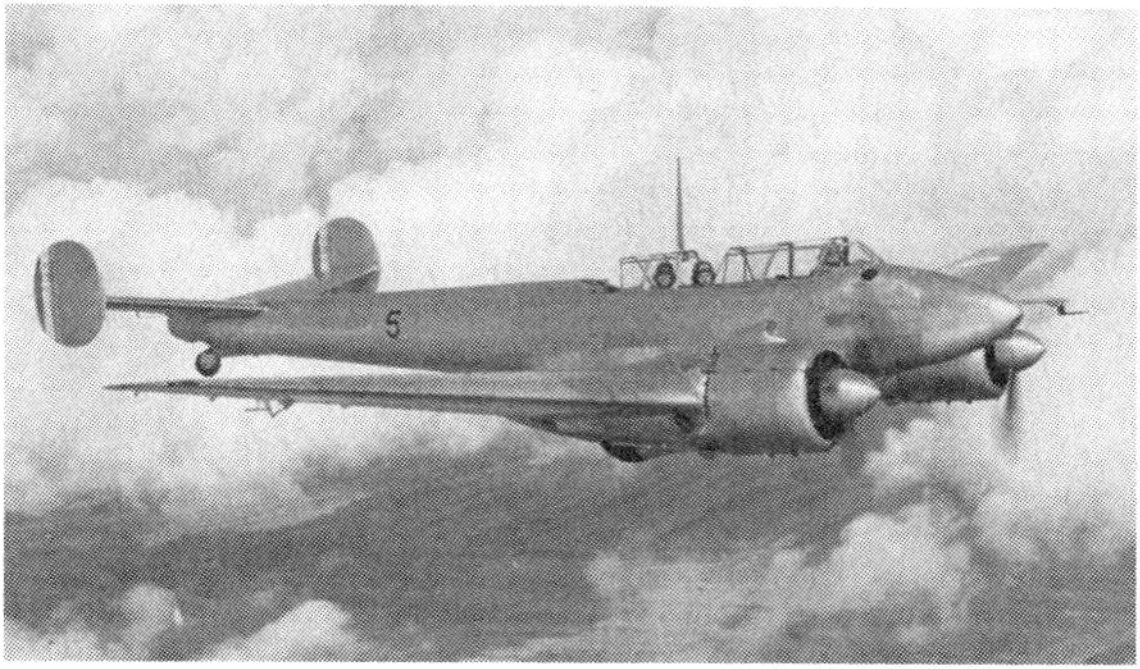

ポテ631戦闘機

席には七・五ミリ連装機銃が装備されていた。乗員は三名である。

フランス空軍は本機を長距離戦闘機、小型爆弾を搭載する地上攻撃機、そして偵察機として運用する計画であった。また夜間戦闘機としても使うために一個飛行中隊が編成されている。ドイツ軍がフランスとの国境を越えて侵攻してきたとき、本機装備の八個飛行中隊（総配備数九六機）が編成されていた。

進撃してくるドイツ地上部隊に対しポテ631は小型爆弾を搭載し地上攻撃機として出撃をくり返したが、優れた性能のドイツ戦闘機の前には太刀打ちすることもできず、さらに地上砲火のために大半が撃墜されたのである。二ヵ月後の停戦時点で残っていたポテ631はほんの一握りであったのだ。

ポテ631の生産数は二九四機とされているが、第二次大戦で参戦したフランスの多発機の中では操縦性が最も優れていたと評判が高かった。本機はより強力なエンジンを搭載すれば、さらに優れた性能の機体となって活躍したと嘆くフランス航空関係者は多いのである。

本機の基本要目は次のとおりである。

全幅　一六・〇〇メートル

全長　一一・〇七メートル

自重　二九六〇キロ

エンジン　ノーム・ローン14M3／4（空冷複列星形一四気筒、最大出力六七〇馬力）二基

最高速力　四四五キロ／時

上昇限度　九〇〇〇メートル

航続距離　一五〇〇キロ

武装　二〇ミリ機関砲二門、七・五ミリ機関銃二梃、爆弾二〇〇キロ

2、ブレゲーBr691戦闘・爆撃機

第二次大戦におけるフランスの戦争は一年にも満たず、独仏両軍の直接の戦闘にいたってはわずか二ヵ月間という短いものであった。この短期間の戦いの中で最も激し

い航空作戦を展開したフランス軍用機は、前述のポテ631とここで紹介するブレゲー691戦闘・爆撃機であろう。

本機の開発はポテ631と同じく、フランス空軍が提示した三座戦闘・爆撃機の仕様によるものであった。試作機は一九三八年三月に完成して初飛行に成功、六月にはフランス空軍が制式採用するところとなり量産に入った。量産機は翌年三月から完成しているが、この間にエンジンをより強力なノーム・ローン14Mに換装している。

ブレゲーBr691の外観は極めて特徴的なものとなっていた。双発・複座の胴体には爆弾倉が設けられ、胴体前半部が異様に太く、細い後部胴体の尾端には双垂直尾翼付きの水平尾翼が配置されていた。その姿はまるでオタマジャクシに似ていた。前部胴体下面の爆弾倉内には四〇〇キロの爆弾の搭載が可能で、機首には二〇ミリ機関砲一門と七・五ミリ機関銃二梃が装備され、地上攻撃が行なえるようになっていた。操縦性能は軽快で低空襲撃とある程度の空中戦を展開することができた。

ドイツ軍がフランスに侵攻してきたとき、本機ブレゲーBr691編成の六個飛行中隊（合計七二機）が進撃してくるドイツ地上軍に対し激しい攻撃を加えたのである。攻撃隊を援護する戦闘機は少なく、超低空で攻撃する本機はドイツ地上軍の激しい対空砲火と空からのドイツ戦闘機の標的となったのである。

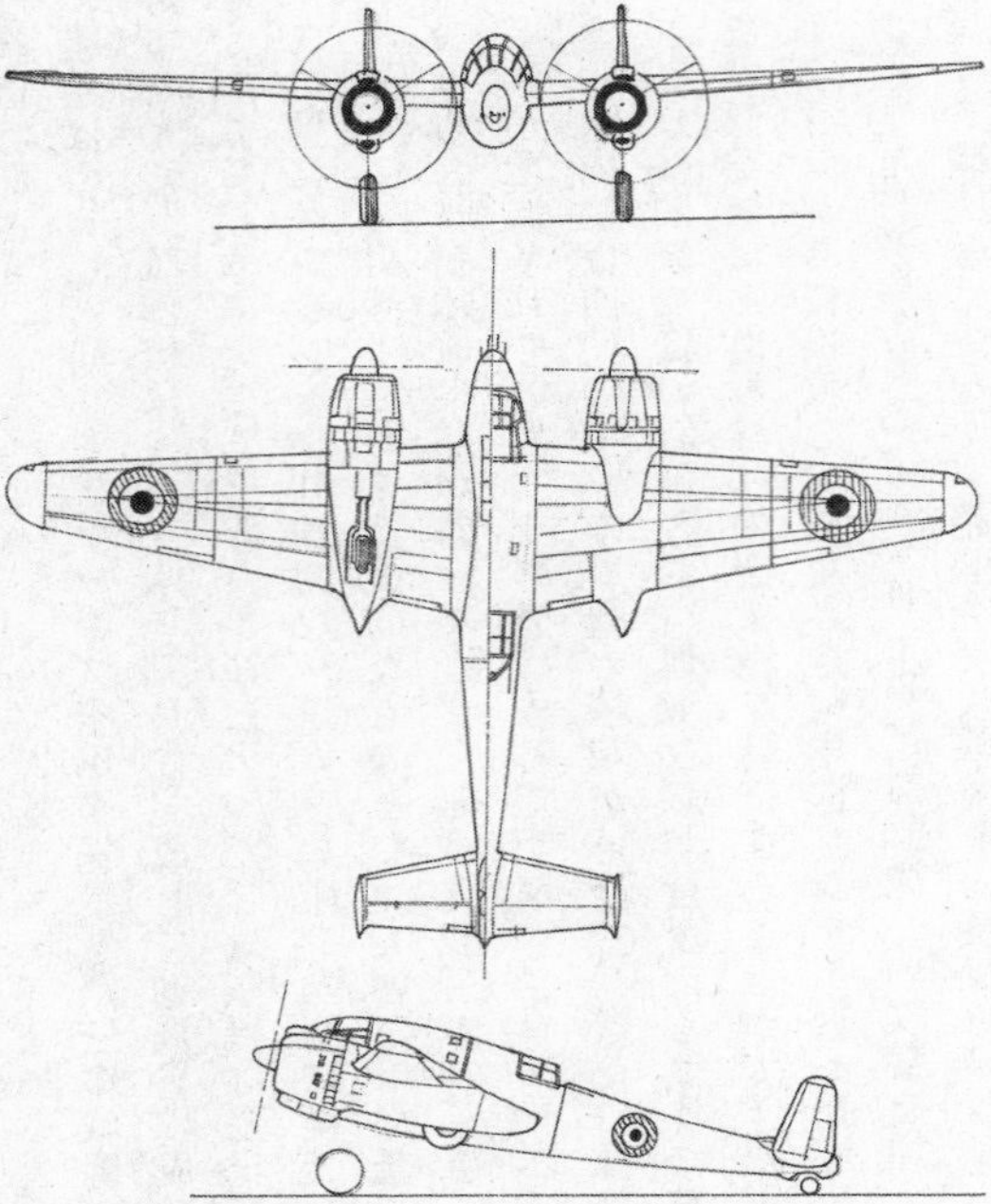

ブレゲー Br691戦闘・爆撃機

ブレゲーBr691戦闘・爆撃機

一九四〇年五月十二日、一個中隊一二機のブレゲーBr691が進撃してくるドイツ軍に対し超低空攻撃を展開した。この攻撃隊へのドイツ地上軍の応戦は激烈であった。車両搭載の多数の二〇ミリ四連装機関砲がブレゲーの編隊に対し猛射を浴びせたのである。この対空砲火の嵐でブレゲー攻撃隊の七機が撃墜され、二機が帰途の途中で力つき墜落した。基地に帰還した三機も機体は穴だらけで二度と飛行することは不可能な状態であったのだ。一度の攻撃で飛行中隊は全滅したのである。

ブレゲー隊の出撃は二ヵ月弱で五〇〇回にも上ったとされているが、残存期はほんの一握りに過ぎなかったのである。本機の総生産数は三〇四機となっている。

ドイツ占領後のフランスに残されたわずかなブレゲーBr631は、その後ドイツ軍に鹵獲され、部隊間の連絡機などに用いられ、一部の機体はイタリア空軍に引き渡されている。

本機の基本要目は次のとおりである。

全幅　一五・三七メートル
全長　一〇・二四メートル
自重　二九五〇キロ
エンジン　ノーム・ローン14M6／7（空冷複列星形一四気筒、最大出力六八〇馬力）二基
最高速力　四二〇キロ／時
上昇限度　九七五〇メートル
航続距離　一三五〇キロ
武装　二〇ミリ機関砲一門、七・五ミリ機関銃四梃、爆弾四〇〇キロ

3、リオレ・エ・オリビエLeO451爆撃機

第二次大戦におけるフランス空軍の活躍の期間は極めて短い。一九四〇年六月の独仏停戦後は、イギリスに亡命した多くのフランス人で編成された自由フランス空軍が、イギリス空軍傘下で様々な活動を展開している。

停戦までのわずかな期間ではあるが、フランス空軍のとくに爆撃隊は進撃してくるドイツ陸軍部隊に極めて激しい戦いを行なった。前述のブレゲー爆撃機隊とともにLeO451爆撃機も激しい抵抗を示したのであった。

本機は一九三七年一月に原型機が完成し初飛行に成功した。全幅二二・五メートル、全長一七・二メートルの全金属製・双発のこの機体は最新鋭機爆撃機にふさわしい外観と性能を持っていた。双垂直尾翼式の水平尾翼を持つ長楕円形の断面の胴体は細く、主翼は細長いテーパー翼で見るからに高性能を期待させた。乗員は四名である。

このLeO451の際立った特徴に爆弾倉と武装があった。本機は中型機ではあるが、胴体下面の爆弾倉の他にエンジンナセルと胴体の間の主翼内にも爆弾が搭載され、搭載量はその規模にしては多く最大二〇〇〇キロに達した。また武装は機首と胴体後方下面にそれぞれ七・五ミリ機関銃一梃が配置されていたが、胴体後上方の銃座には二〇ミリ機関砲一門が装備されていた。この機関砲は砲塔搭載ではなく直接の人力操作となっており、当時の世界中の爆撃機でも防衛火器に二〇ミリ機関砲を装備したのは本機以外にはなかった。

LeO451は最高速力、航続距離、攻撃力、上昇限度など、当時のいかなる爆撃機よりも高性能であった。当時の日本の九七式重爆撃機と比較してもその性能は大幅に上回っていたのである。

フランス空軍はLeO451に多少の改良を施した後に、ただちに量産命令を出した。しかし本機の量産は進まなかったのだ。理由は国内の航空機産業に混乱が生じていたためであった。フランス政府は乱立していた航空産業を国営に一元化する方針を立てていたのである。当時はそれを実行する段階にあったが、各企業の反対運動が加速化しており、国営化は順調に進んでいなっかたのだ。そうした中での生産が順調に進むわけはなく、第二次大戦勃発後の一九四〇年一月でのLeO451の生産量は、わずかに一三二機を数えるのみであったのだ。

切迫した事態に対し生産は急がされ、その後二ヵ月間で二二二機の機体が完成したが、すでに完成した機体も含めてその完成度は低く、同年四月までにフランス空軍が納入した機体はわずかに九四機という始末だったのである。

さらに完成した機体を含めフランス空軍では急遽、LeO451による部隊編成がまとめられた。そして一九四〇年五月十一日からフランス停戦の六月二十五日までの一ヵ月半で、本機一四〇機が敵の対空砲火や戦闘機の攻撃を受け、また基地に来襲したドイツ機の攻撃で失われたのであった。

フランス停戦後、LeO451編成の爆撃機部隊は親ドイツのヴィシー政府空軍の指揮

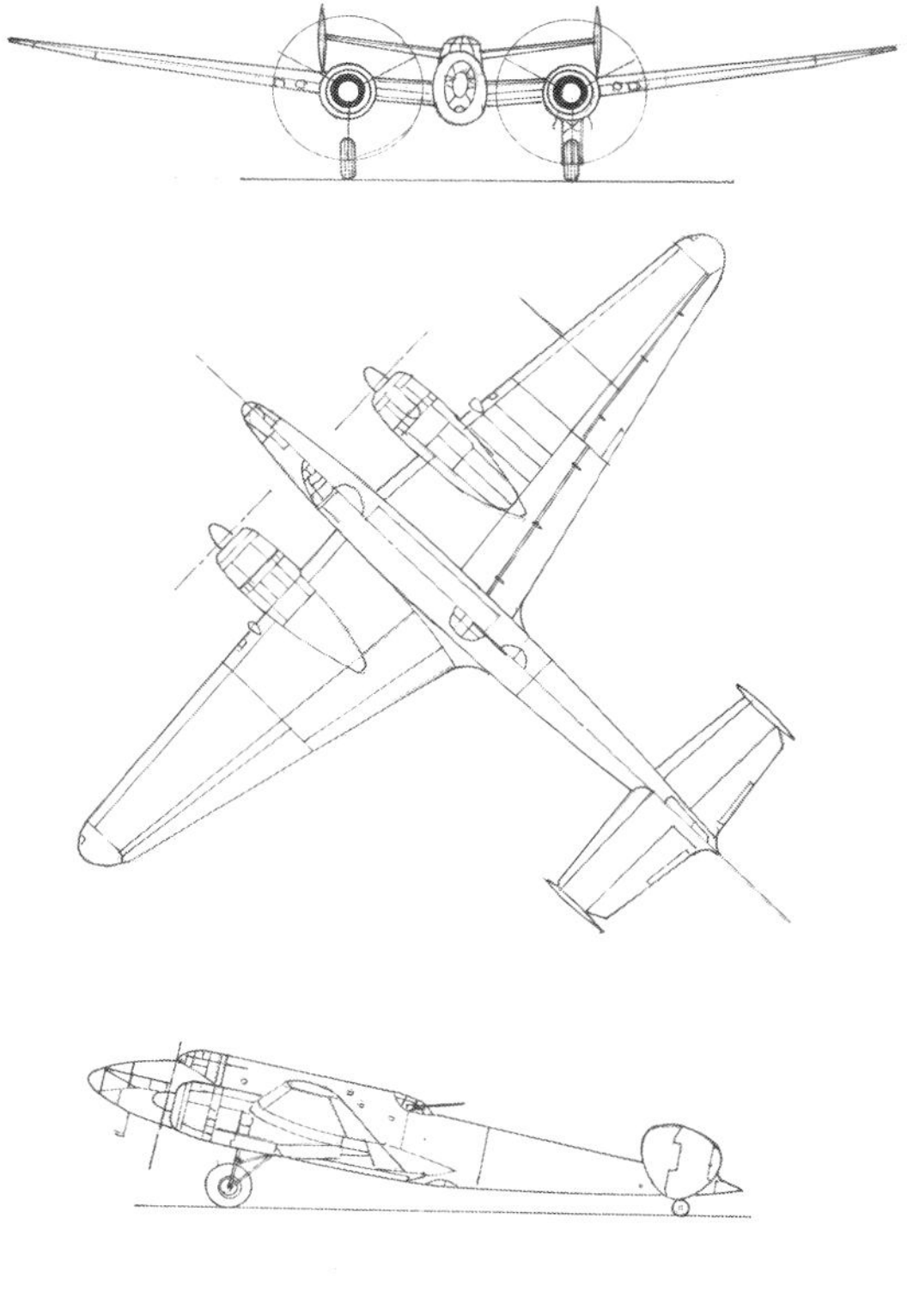

リオレ・エ・オリビエ LeO451爆撃機

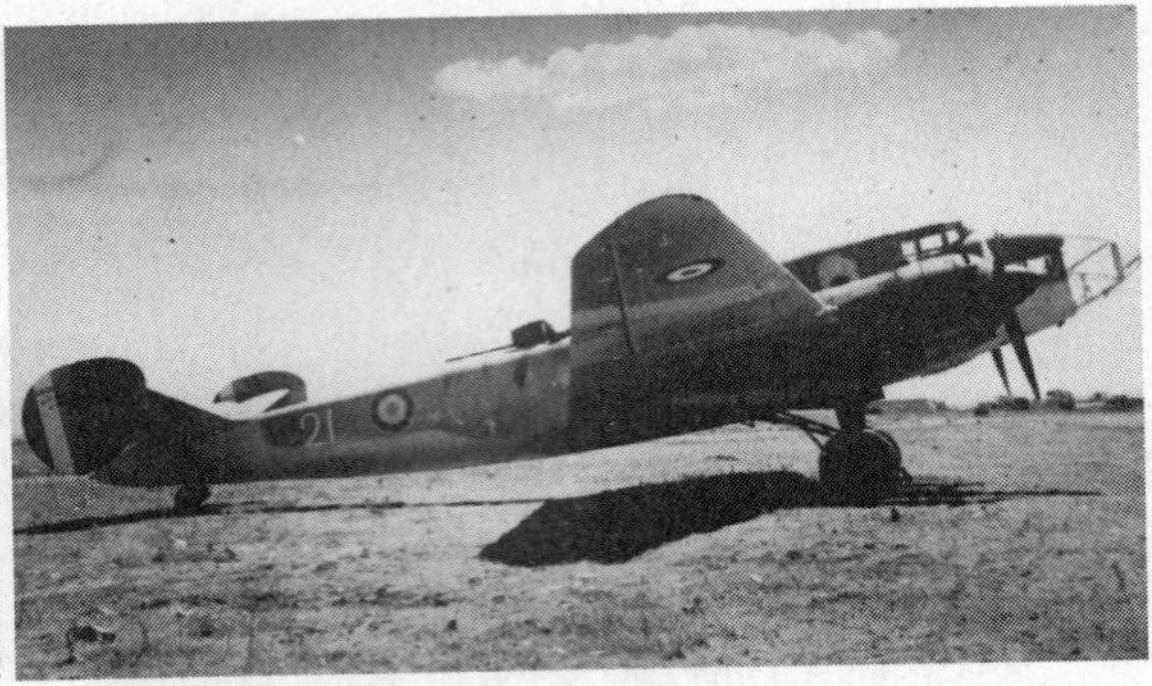
リオレ・エ・オリビエLeO451爆撃機

下に置かれ、その後の量産機も含め一時は二九九機がヴィシー政府空軍の下に存在することになったのである。

一九四二年十一月の連合軍の北アフリカ（チュニジア）上陸作戦時には、同地に配備されていたヴィシー政府空軍のLeO451が攻撃を仕掛けてきたが、もともとこの部隊は本格的に交戦をする意思はなく、そのまま連合軍の手中に入った。鹵獲機体は連合軍側の攻撃機として運用される計画が立てられた。しかし本機はすでに第一線の爆撃機として運用するには性能があまりにも低すぎ、連絡機などの雑用機として使用されたのである。

戦後、残存したLeO451は新フランス空軍内で救難機としても愛用され、全機が退役したのはじつに一九五七年のことであった。ポテ631と同様に、より馬力の大きなエンジンを搭載すれば本機は際立った性能を発揮したと思われている。
本機の基本要目は次のとおりである。

全幅　二二・五二メートル
全長　一七・一七メートル
自重　七五三〇キロ
エンジン　ノーム・ローン14N48（空冷複列星形一四気筒、最大出力一〇六〇馬力）二基
最高速力　四七〇キロ／時
上昇限度　九〇〇〇メートル
航続距離　二〇〇〇キロ
武装　二〇ミリ機関砲一門、七・五ミリ機関銃二梃、爆弾二〇〇〇キロ

4、ブロッシュMB174偵察機

第二次大戦中のフランス軍用機の呼称はいささか複雑である。アメリカの軍用機であればエンジンの交換や機体の形状や性能の変化などがあった場合には、例えばリパブリックP－47「サンダーボルト」戦闘機の場合であれば、P－47B、C、D、Nと

機体呼称にアルファベットを並べてその機体の変化を示す。フランスでは、例えばブロッシュMB174の場合は、174が基本数字（型式）となり、改良が行なわれるごとに175、176、177と機体呼称番号が変化するのである。

つまり175とは174－1型、176は174－2型にあたるのである。したがって本機を紹介する場合は基本型の「ブロッシュMB174型」または「ブロッシュMB174系」とするのが妥当のようである。

ブロッシュMB174は基本的には偵察機の機体である。本機は双発の高速偵察機として一九三九年一月に原型機が完成した。しかしフランス空軍が本機に求めたものは偵察機と同時に軽爆撃機としての任務であった。そのために機腹には小型の爆弾倉が配置されていた。試験飛行の結果は極めて優秀で、空軍はただちに本機の量産をブロッシュ社に指示したのであった。

ブロッシュMB174は乗員三名で最大出力一〇三〇馬力のノーム・ローン14Nエンジンを搭載し、最高時速五四〇キロを記録したのである。双垂直尾翼式の本機の全幅は約一八メートルで、最大四〇〇キロの爆弾の搭載も可能であった。操縦性は中型機にしては極めて軽快であった。

ドイツ軍のフランス侵攻時点では五〇機のMB174が実戦部隊に配備され、主に低空

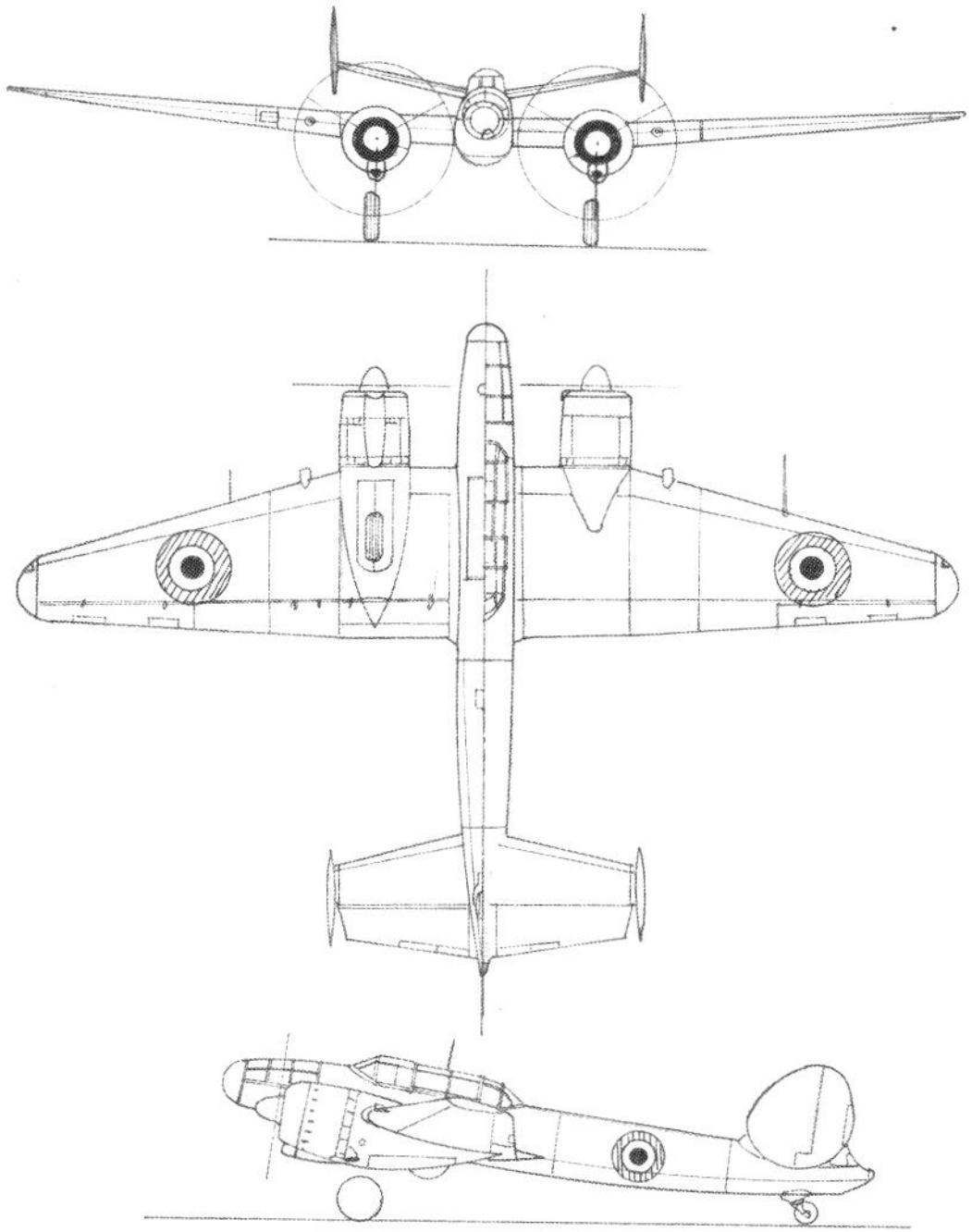

ブロッシュ MB174偵察機

ブロッシュMB174偵察機

爆撃に投入されたのである。

フランス降伏後は一部のMB174がヴィシー政府空軍機として残され、優れた操縦性によってドイツ空軍内で連絡機などとして使用されていた。また多くの機体は、連合軍のチュニジア占領後に部隊ごと北アフリカに逃れ、様々な用途に活用された。

戦後、新フランス空軍はMB174の生産を復活させ八〇機余りを量産し、連絡機や哨戒機など一九五〇年代まで様々な用途に運用している。活動の場は戦後が主となった本機であるが、第二次大戦中のフランス軍用機として紹介されることが多いのである。

本機の基本要目は次のとおりである。

全幅　一七・九六メートル

全長　一二・二五メートル

自重　四九五〇キロ

エンジン　ノーム・ローン14N（空冷複列星形

一四気筒、最大出力一〇三〇馬力）二基

最高速力　五四〇キロ／時

上昇限度　一万一〇〇〇メートル

航続距離　一六〇〇キロ

武装　七・五ミリ機関銃六〜七梃、爆弾四〇〇キロ

第７章　イタリアの不運な軍用機

１、フィアットＧ50「フレッチア」戦闘機

イタリア空軍は一九三六年に旧式化していた戦闘機の刷新を図るために、新型機の開発を航空機メーカーに求めた。この要求に応じたのはフィアット、マッキ、レッジアーネなど六社であった。各社はそれまでの複葉固定脚式から単葉引き込み脚式の戦闘機を設計し、仕様書と設計図を空軍省に提出した。

このなかで最初に試作機を送り出したのはフィアット社で、一九三七年二月に試作一号機を完成させ試験飛行にも成功した。この機体がフィアットＧ50戦闘機で、イタリア初の全金属製の低翼単葉機であった。本機はイタリア空軍の各種試験にも合格し一九三八年十月に早くも空軍省から量産命令が出されたのである。

最初に完成したＧ50戦闘機一二機は、折から勃発していたスペイン内戦で反乱軍のフランコ将軍側に与したイタリア軍の戦闘機として参戦し、早速戦闘機としての洗礼

を受けることになったのである。ソ連が後押しする政府軍側の戦闘機はポリカルポフＩ15やＩ16などで優位な戦闘が展開でき、本機の優秀性を示すことになった。

本機は引き込み脚式の単座戦闘機ではあるが、随所に複葉戦闘機の影響が残されていた。エンジンカウリングから胴体にかけてのラインには段差のある複葉機の面影が残り、主翼の胴体付け根付近は極端に厚い構造となっていた。また操縦席は時速五〇〇キロ近い速力を発揮する戦闘機でありながら部分開放式となっていたのである。本機のエンジンは最大出力八七〇馬力のフィアットＡ74ＲＣ38で最高時速は四七〇キロであった。ちなみに本機の呼称「フレッチア」とは矢を意味する。

本機と同じ頃に試作された戦闘機にマッキＭＣ200があった。同機はフィアットＧ50とその外観が酷似していた。そしてＭＣ200もそこには複葉戦闘機の面影が残されており、操縦席はＧ50と同じく開放式となっていた。この規模の戦闘機として当初、なぜ開放式の操縦席を配置したのか、その意図は不明である。

イタリアが第二次大戦に参加したとき、フィアットＧ50は二個飛行中隊四八機が配備されていて、マッキＭＣ200はわずかに一個飛行中隊二四機しか配備されていなかった。そして他の戦闘機四〇三機はすべて複葉戦闘機だったのである。

マッキＭＣ200は最高速力がＧ50よりわずかに早く時速五〇〇キロを記録していた。

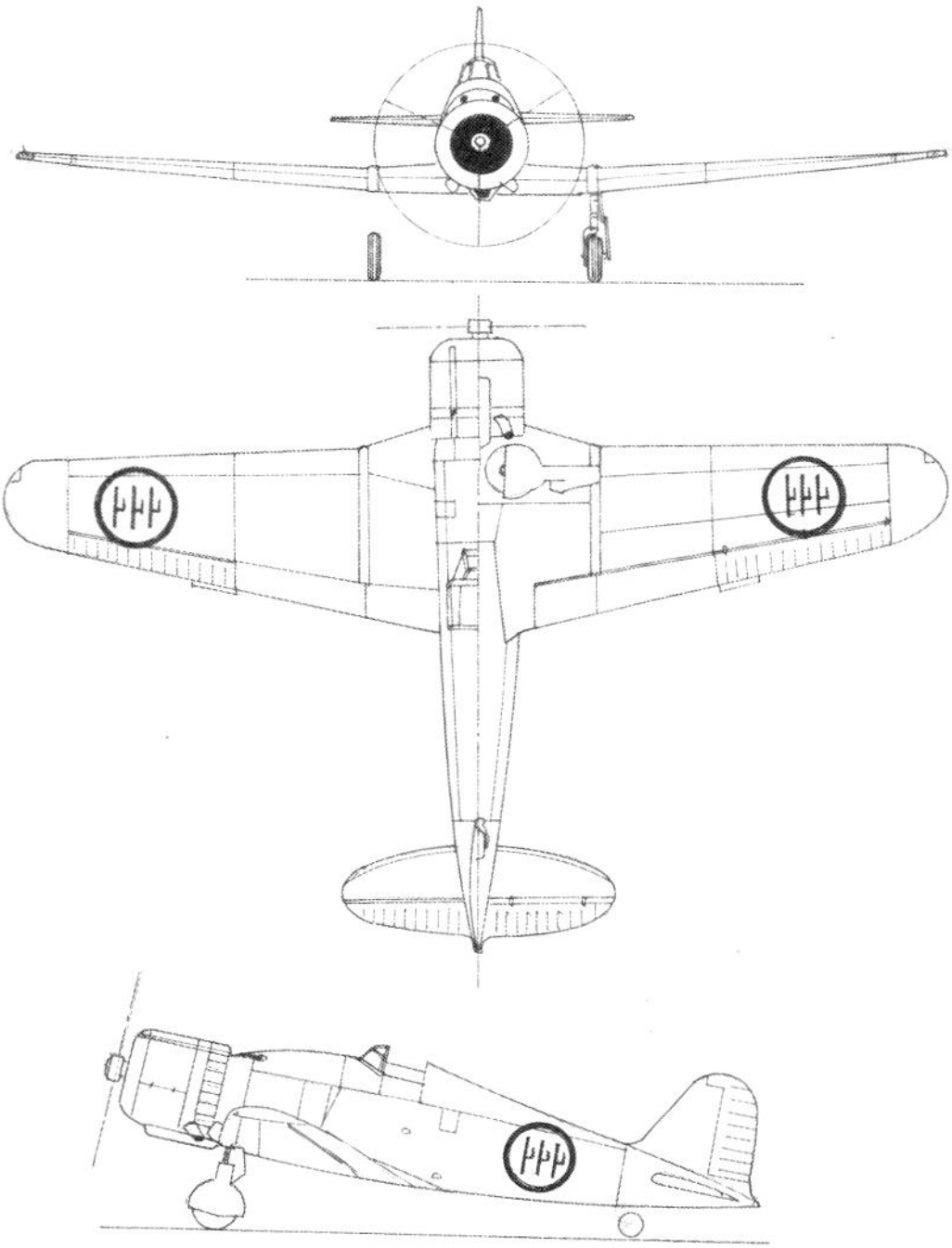

フィアットG50「フレッチア」戦闘機

その後ＭＣ200のエンジンを液冷エンジンに換装したＭＣ202が登場したが、同機は時速六〇〇キロを記録する極めて高性能な機体で、イタリア空軍の主力戦闘機として活躍することになったのである。

Ｇ50戦闘機も性能向上のために同じく液冷エンジンに換装し新しい戦闘機として生まれ変わろうとしたが、機体に大幅な設計変更を行なう必要があり、その後誕生した戦闘機Ｇ55は優れた性能を発揮したが出現が遅すぎ、実戦にはほとんど投入されることはなかったのである。

一九四一年六月、北アフリカ・リビア戦線でのイタリア空軍戦闘機の戦力は、フィアットＧ50七〇機、マッキＭＣ200四八機、フィアットＣＲ42（複葉戦闘機）一〇〇機であった。ここでフィアットＧ50は空中戦において、つねにイギリス空軍のホーカー「ハリケーン」戦闘機に劣勢を強いられ、多くの被墜記録を残すことになったのである。空戦性能は両機とも互角だったが、最高速力の違いが勝敗を決したようであった。両機の最高時速には五〇キロ以上の差が生じていた。一方のマッキＭＣ200の最高時速は五三〇キロで、「ハリケーン」とほぼ同じであった。

さらにフィアットＧ50を戦闘機として不利にしたのは航続力の低さであった。航続距離は六七〇キロしかなく、両軍の航空基地は六〇〇キロに満たない距離にあったが、

フィアットG50「フレッチア」戦闘機

空戦時間は一〇分間が限界で多くの時間を戦闘に割くことができなかったのであった。
バトル・オブ・ブリテン終末期の一九四一年十一月、イタリア空軍の爆撃機五〇機とフィアットG50四八機がイギリス本土攻撃に参戦したが、イギリス空軍の「スピットファイア」戦闘機の前にG50は惨敗を喫し、一度の作戦参加で終わっているのである。
フィアットG50戦闘機はイタリア空軍の新星として登場はしたが、複葉戦闘機の域を出ない本機は目立った働きは残せなかった。本機の生産数は六八五機とされているが、一方のライバル、マッキMC200は一一五〇機ほど造られている。
本機の基本要目は次のとおりである。

全幅　一〇・九八メートル
全長　八・二九メートル
自重　一九五九キロ

エンジン　フィアットA74RC38（空冷複列星形一四気筒、最大出力八七〇馬力）
最高速力　四七二キロ／時
上昇限度　一〇八〇〇メートル
航続距離　六七〇キロ
武装　一二・七ミリ機関銃二梃

2、ピアッジオP108爆撃機

本機は第二次大戦でイタリア空軍が実戦に投入した唯一の四発重爆撃機である。イタリアは一九三〇年代の中頃から空軍戦力の近代化を進めた。このとき出現した機体は、後にイタリア空軍の主力となったフィアットG50戦闘機、マッキMC200戦闘機、サヴォイア・マルケッティSM79爆撃機などがある。その中に唯一の四発爆撃機として加わったのがピアッジオP108爆撃機であった。

本機の原型機は一九三九年十一月に完成し初飛行に成功している。同じ頃イギリス空軍はショート「スターリング」、ハンドレページ「ハリファックス」重爆撃機、アメリカではコンソリデーテッドB24重爆撃機が完成し試験飛行を展開していたのである。

ピアッジオP108はまさに時代に適合した爆撃機であったのだ。しかし、その後の開発が遅れたのである。その最大の原因はエンジンにあった。イタリア空軍の当時の弱点は一五〇〇馬力級エンジンの開発が他国に比較し後れをとっていたことである。

つまり機体は完成したが、本機に求められた強力なエンジンが準備されていなかったのであった。P108爆撃機に搭載されていたのは、最大出力一五〇〇馬力のピアッジオP12RC35エンジンで、当時のイタリアの航空機用としては破格の出力が期待されていたのである。しかし信頼性に欠けて完成にはいましばらくの時間が必要であったのだ。

そのために本機は試作中であった一二〇〇馬力級エンジンを搭載することになった。試験飛行の結果はイタリア空軍を一応満足させるものとなり、空軍はただちに本機の量産を命じたのであった。しかしエンジンの製造が間に合わず、量産は一時中止となったのである。

そこでイタリア空軍はこの間にP108の装備に関し改良試験を行なった。そのなかで最大の問題となったのが防衛火器の操作方法であった。

本機の防衛火器は、機首と胴体腹部にそれぞれ一二・七ミリ機関銃一梃を、胴体両

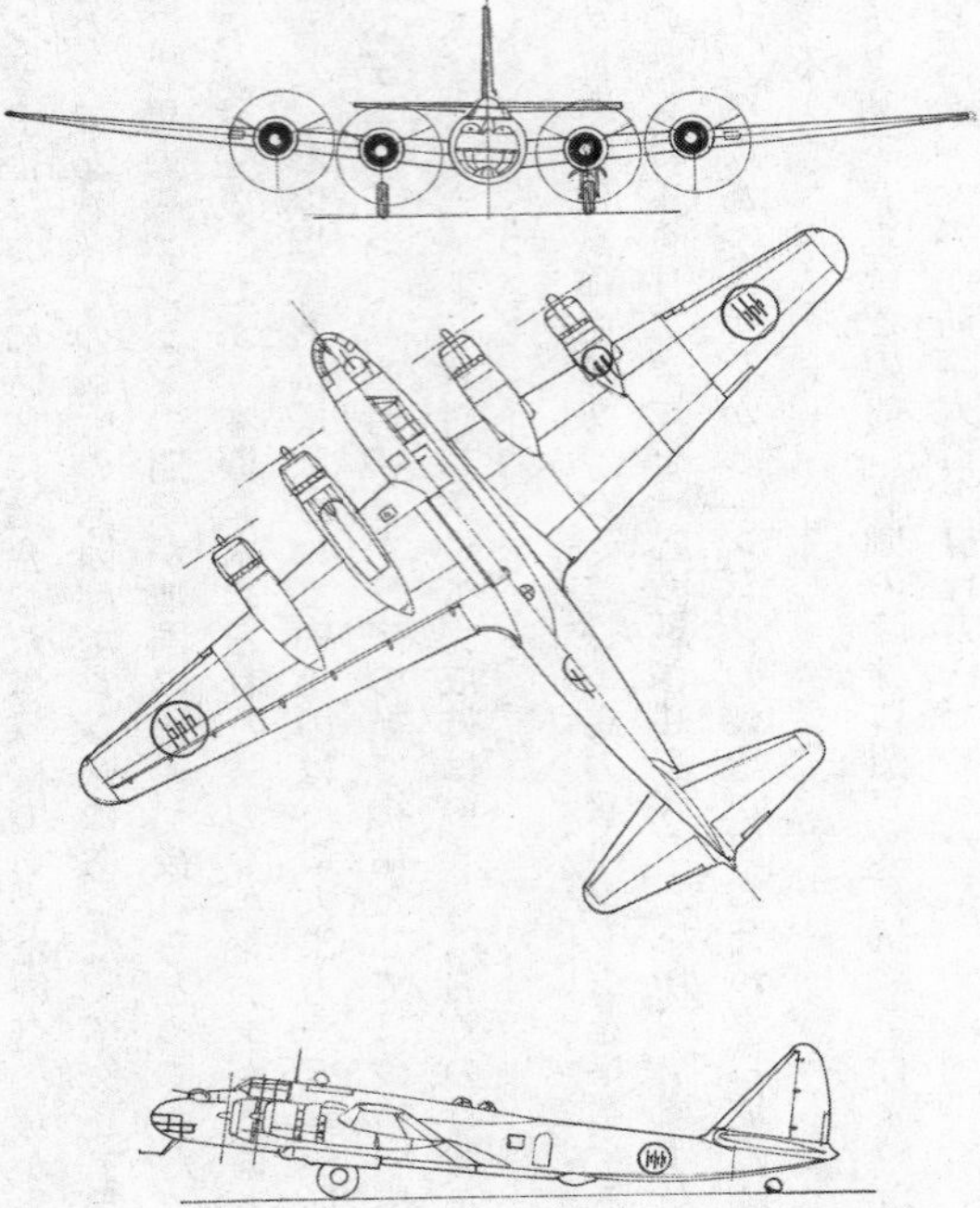

ピアッジオ P108爆撃機

側面に七・七ミリ機関銃一梃が装備された。そして注目すべきは後上方向けに一二・七ミリ連装機関銃塔二基を装備していたのである。これらは主翼のそれぞれ外側の第一エンジンと第四エンジンナセルの後上方に配置されていた。この銃塔の操作は胴体中央部上方の二ヵ所のドームから各銃手が行なうようになっていたのであるが、機関銃の操作は手動であったのだ。

つまり照準に合わせて各銃手が連結棒やカムを介して機関銃を操作するのである。銃塔の回転や発射は電力操作で行なわれるが、手動式の機関銃の操作が照準と正確にかみ合わず、射撃精度が不正確になるのが欠点であったのだ。しかしこの機械式の銃塔遠隔操作方法の照準と実際の射線が一致しない問題は、解決策がないままに実用化されることになったのである。

ここでさらに問題が生じたのである。開発中のエンジンが高々度飛行には使えないことになり、本機が本来予定していた高々度爆撃機としての運用は転換せざるを得なくなったのである。

そもそもイタリア空軍がＰ108爆撃機を開発した目的が当初から明確でなかったことにも、その存在価値を不明確にした理由があったようである。イタリア空軍が、なぜ四発重爆撃機を開発したのか。イタリアには四発重爆撃機を使うような仮想敵国は本

ピアッジオP108爆撃機

来存在してはいないのである。単に爆撃機開発の一環として、この四発重爆撃機の開発を進めたものと考えるのが妥当のようである。

一九四一年に至りイタリアは最大出力一三五〇馬力の空冷エンジンの量産化に成功した。これによりP108の量産化を開始したのであった。その後一九四二年四月までに一二機が完成すると、イタリア空軍はこの一二機で飛行中隊を編成し訓練を開始したのである。

実戦部隊はシシリー島基地から北アフリカのイギリス軍基地やジブラルタル基地への複数回の爆撃を実施したようであるが、その詳細は不明である。いずれにしても大規模な爆撃とは程遠く、数機による爆撃であった。また少数機が東部戦線に送り込まれソ連軍基地の爆撃を行なったという情報もあるが、本機の作戦に関する詳細は不明である。P108が作戦に投入されて間もなくイタリアは降伏しており、イタリア空軍の思惑どおりの大規模な爆撃作戦を展開することはできなかったというのが実情であったのだ。ピアッジオP108の総生産数は一六二機と伝えられている。

ピアッジオP108爆撃機の存在はアメリカやイギリスには早くから知られており、地中海での一時的な脅威とはなったであろうが、あくまでもイタリア空軍の「案山子」的な役割で終わっているのである。

本機の基本要目は次のとおりである。

全幅　三二・〇〇メートル
全長　二二・九二メートル
自重　一万七二八四キロ
エンジン　ピアッジオP12RC35（空冷複列星形一四気筒、最大出力一三五〇馬力）四基
最高速力　四三〇キロ／時
上昇限度　八五〇〇メートル
航続距離　四〇〇〇キロ
武装　一二・七ミリ機関銃六梃、七・七ミリ機関銃二梃、爆弾四〇〇〇キロ

3、カントZ1018「レオーネ」爆撃機

イタリアは第二次大戦に突入してまもなく、自国の戦闘機の実力が戦前に豪語していたような強力無比ではなく、むしろ他国に比べてみじめな性能であることに大きな衝撃を受けたのであった。また同時に爆撃機においてもまったく同様で、先進的と謳っていた機体がことごとく非力であることに驚いたのである。

イタリア空軍爆撃隊の中核的戦力であった、世界的に異例の三発爆撃機サヴォイア・マルケッティSM79などは国内では「世界最強」と自負していたが、対戦国の目には「よくもあのような前近代的な爆撃機を使えるものだ」としか映らなかったのである。

イタリア空軍が優秀な爆撃機を持てなかった最大の原因は、強力なエンジンの不在であった。戦争に突入した当時のイタリアの航空機用エンジンで信頼性があり量産が可能だったのは、一〇〇〇馬力級の空冷エンジンだけであった。そのためにイタリア空軍は爆撃機を三発とした異例の機体を誕生させ、エンジンの弱体をおぎなったのである。

イタリア空軍は一九三七年に次期爆撃機の開発をカント社に対し命じた。これに応

じた同社はZ1018という双発爆撃機を試作した。本機に求められていたエンジンは一三〇〇馬力以上の強力なものであったが、このとき装備されたていたのは一〇〇〇馬力級であった。試験飛行の結果は散々で、要求性能を求めるのはとうてい不可能だった。

しかし一九四一年に至りアルファ・ロメオ社が最大出力一三五〇馬力の空冷エンジンの量産化に成功したため、カントZ1018に改めてこのエンジンを搭載し再飛行させたのである。その結果は軍の要求を満たす性能を発揮することができたのであった。イタリア空軍はやっと三発エンジン爆撃機から解放され、安定した性能の双発爆撃機の保有が可能になったのである。この事態にイタリア空軍は喜び、三〇〇機の量産をカント社に命じたのである。

カントZ1018の外観は三発爆撃機のしがらみから解放され、見事な美しいスタイルの双発爆撃機であった。胴体背面には一二・七ミリ連装機関銃塔が配置され、胴体後部の下面にも一二・七ミリ機関銃一梃を装備した銃座が配置された。また胴体後部両側面には七・七ミリ機関銃各一梃が装備された。そして胴体腹部の爆弾倉内には一五〇〇キロの爆弾の搭載が可能だった。

本機は全幅約二二メートルでアメリカ陸軍のB25やB26に相当する中型爆撃機であ

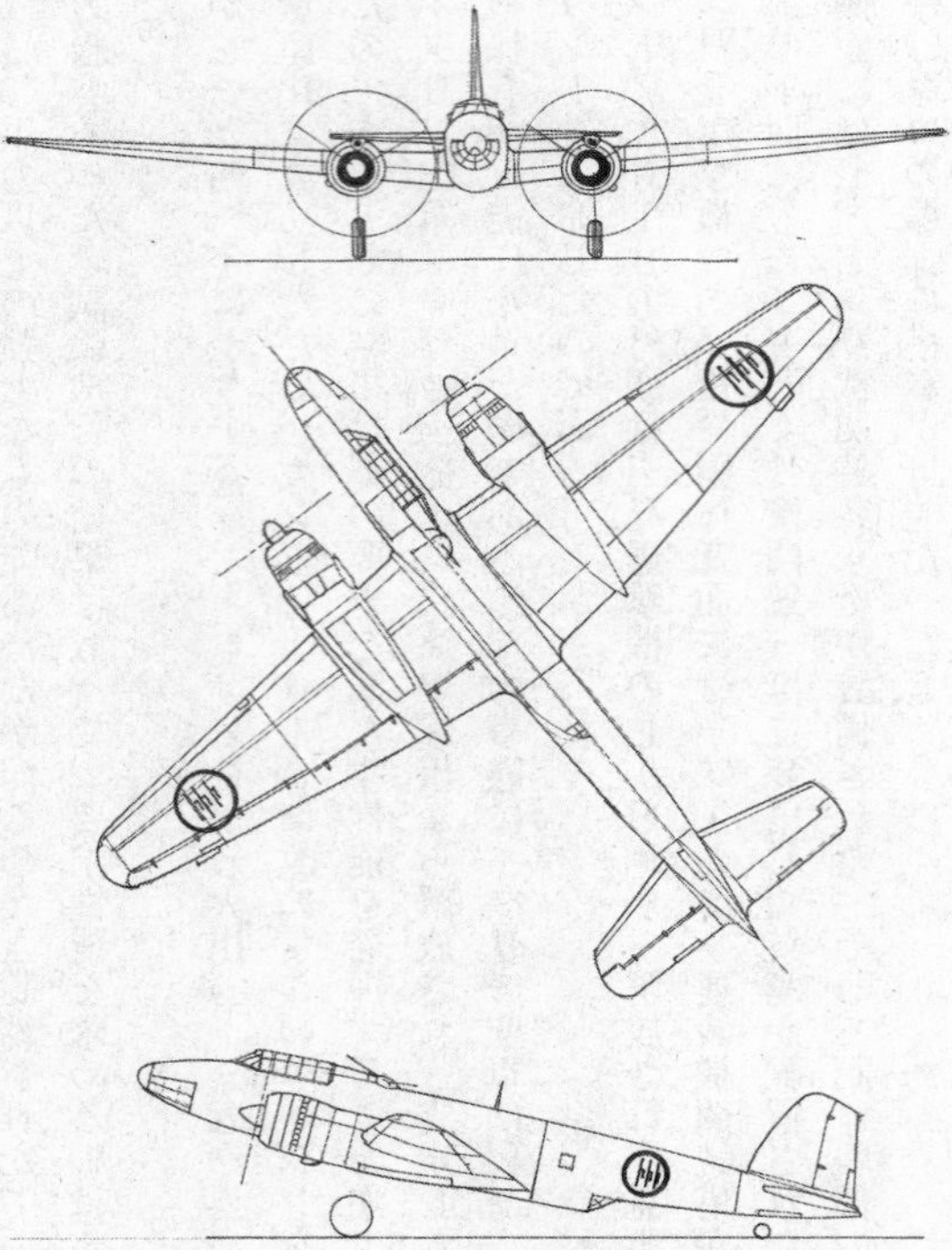

カント Z1018「レオーネ」爆撃機

カントZ1018「レオーネ」爆撃機

るが、その最高速力は時速五二五キロという高速を発揮したのである。

カント社はただちに本機の量産に入ったが、またしてもことは順調に進まなかったのである。作業の進捗が遅く機体の製造ラインに遅れが出ていたのだ。そして製造ラインの遅れが解消されたとき、今度は肝心のエンジンの生産が滞り出したのである。

一九四三年に入る頃から、連合軍はドイツ軍を一掃した北アフリカを基地としてイタリア本土に対する爆撃を展開したのであった。爆撃目標の多くは工業地帯であるイタリア北部に集中した。この空襲でカント社の航空機生産工場やピアッジオ社のエンジン工場が被災、本機の量産は暗雲に閉ざされたのである。

結局イタリア降伏までに量産されたカントZ1018の総生産数は五〇機前後とされている。そして一部の機体で部隊編成が始められたとされているが、その詳細は不明である。いずれにしてもイタリア最優秀とされた爆撃機は活躍の場のないままに終焉を迎えたのであった。

本機の基本要目は次のとおりである。

全幅　二二・八五メートル
全長　一七・六三メートル
自重　八八〇〇キロ
エンジン　アルファ・ロメオ135ＲＣ32（空冷複列星形一八気筒、最大出力一三五〇馬力）二基
最高速力　五二四キロ／時
上昇限度　七二五〇メートル
航続距離　二〇〇〇キロ
武装　一二・七ミリ機関銃三梃、七・七ミリ機関銃二梃、爆弾一五〇〇キロ

4、フィアットG55「チェンタウロ」戦闘機

第二次大戦に参戦した当時、イタリア空軍の第一線戦闘機はフィアットG50、マッ

キMC200、そして複葉のフィアットCR42であった。そして実戦の結果はイギリス空軍の旧式化しつつあったホーカー「ハリケーン」戦闘機との空戦にも苦戦を強いられ、空軍強国と自負していたイタリアは完全に出鼻を挫かれることになった。

これに対しイタリア空軍はマッキMC200のエンジンを出力強化型のドイツのダイムラー・ベンツの液冷エンジンに換装したMC202「フォルゴーレ（稲妻）」を送り出し、戦闘機戦力の強化を一時的にもたらしたが、数の上からも絶対的な戦力回復にはならなかった。

そこでイタリア空軍は劣性能のフィアットG50のエンジンを同じくダイムラー・ベンツに置換する策を講じたのであった。この機体がフィアットG55戦闘機であった。

このエンジンはG50に搭載されたものに比較し五〇〇馬力以上も強力（一四七五馬力）で、そのためにはG50の機体には高速化への強度改良を加える必要があったのである。同じ液冷エンジンを搭載したマッキMC202は、基本の機体であるMC200に大幅な改造を施すことなく新しい戦闘機として誕生したが、構造的に旧式化した設計のG50には大幅な改造が求められたのだ。

新戦闘機G55は一九四二年四月に完成し「チェンタウロ」（ギリシャ神話に登場するケンタウロス）の呼称が与えられた。そして本機の性能はG50に比較し格段の向上

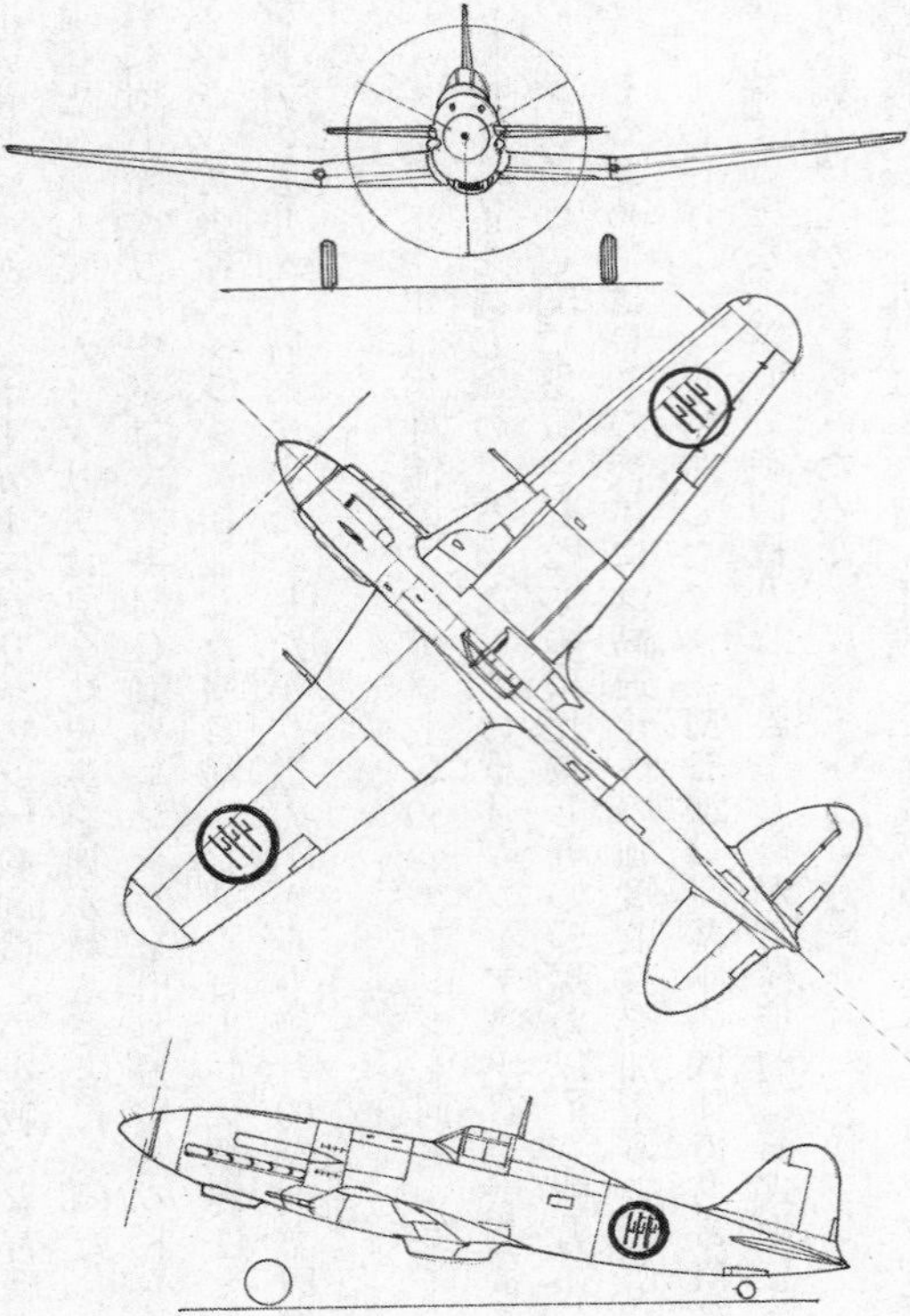

フィアット G55「チェンタウロ」戦闘機

フィアットG55「チェンタウロ」戦闘機

を見せたのだ。最高時速はG50の四七二キロに対し六三〇キロに向上した。武装もG50の一二・七ミリ機関銃二梃に対し、二〇ミリ機関砲三門、一二・七ミリ機関銃二梃と強力であった。

イタリア空軍はマッキMC202よりもさらに優秀なG55の六〇〇機の量産をフィアット社に命じたのである。しかしその後の進行は遅く、イタリアが降伏した一九四三年九月の時点で完成していた機体はわずかに三一機であったのだ。生産が遅延した最大の原因はダイムラー・ベンツエンジンのイタリア国内での生産の遅滞であった。

完成したG55の一部は戦争の最末期にローマ防空に出動したとの情報があるが、確証はない。なお一九四四年三月に至り存続していた北イタリア政権空軍では、G55のエンジンをさらに強力な最大出力一七五〇馬力のダイムラー・ベンツDB603Aに交換したG56を完成させているが、この戦闘機の詳細は不明である。

戦後、イタリアはG55を練習戦闘機として再生産し、新生イタリア空軍の再生に運用し、一部は戦闘機としてアルゼンチンやエジプトに輸出したのである。戦後再生産されたG55の総数は約五〇〇機とされている。

本機の基本要目は次のとおりである。

全幅　一一・八五メートル
全長　九・三七メートル
自重　二六九〇キロ
エンジン　フィアットRA1050RC58(液冷倒立V形一二気筒、最大出力一四七五馬力。ダイムラー・ベンツDB605のライセンス版)
最高速力　六三〇キロ／時
上昇限度　一万二〇〇〇メートル
航続距離　一六五〇キロ
武装　二〇ミリ機関砲三門、一二・七ミリ機関銃二梃

第8章　オーストラリアの不運な軍用機

1、コモン・ウエルスCA－12「ブーメラン」戦闘機

第二次世界大戦に登場し、ある程度の活躍をしながらほとんど知られていない戦闘機が二機存在する。一つはルーマニアのローム－ナ社ブラショフ工場が開発したIAR80戦闘機、一つはオーストラリアのコモン・ウエルス社が開発したCA－12「ブーメラン」戦闘機である。

IAR80戦闘機については、一九四三年八月に決行されたアメリカ陸軍重爆撃機の大編隊によるルーマニア南部のプロエシュチ油田強襲の際、多数の同機が迎撃し多くのB24を撃墜するという活躍で多少の知名度はある。しかしCA－12「ブーメラン」戦闘機については、操縦性に優れた機体であることに定評があったとされるが、その実態はほとんど知られていない。

CA－12「ブーメラン」戦闘機を表わすならば、極めて乱暴な表現をすれば次のよ

うになる、「本戦闘機は戦時急造型貨物船ならぬ戦時急造型戦闘機」であった。その完成度は意外にも高く、戦場でのパイロットたちはその操縦性に惚れ込んだのである。そして第一線（対日戦）に投入されたが、その時期と戦域の関係で「ブーメラン」は戦闘機でありながら「一機の敵機も撃墜したことがなく、一機の損害も出したことがない」という珍記録を作った世界でも稀有の機体であったのだ。

第二次大戦が勃発した直後から、イギリスは本国の防衛体制の確立に多くの苦労を強いられた。その一つに空軍戦力の強化があった。とくに戦闘機戦力の強化は喫緊の問題だったのである。またオーストラリアは、第一次大戦の戦訓から海軍戦力の強化が求められていたが、日本の動向にも予断を許さない状況が見え始めていた。オーストラリア防衛のために空軍戦力の強化も課題となったのである。

こうした状況のなかで、当時はまだ弱体そのものであったオーストラリア空軍は、イギリスに対し戦闘機や爆撃機などの供給を依頼したのである。しかしイギリスは、一機でも多くの戦闘機や爆撃機を確保したいところで、事実多くの機種の供給をアメリカに求めていたのであった。

これらを打開するために、オーストラリア空軍は一九四一年九月より国産戦闘機の開発を進める決断をしたのである。オーストラリアには同国唯一の航空機開発と製造

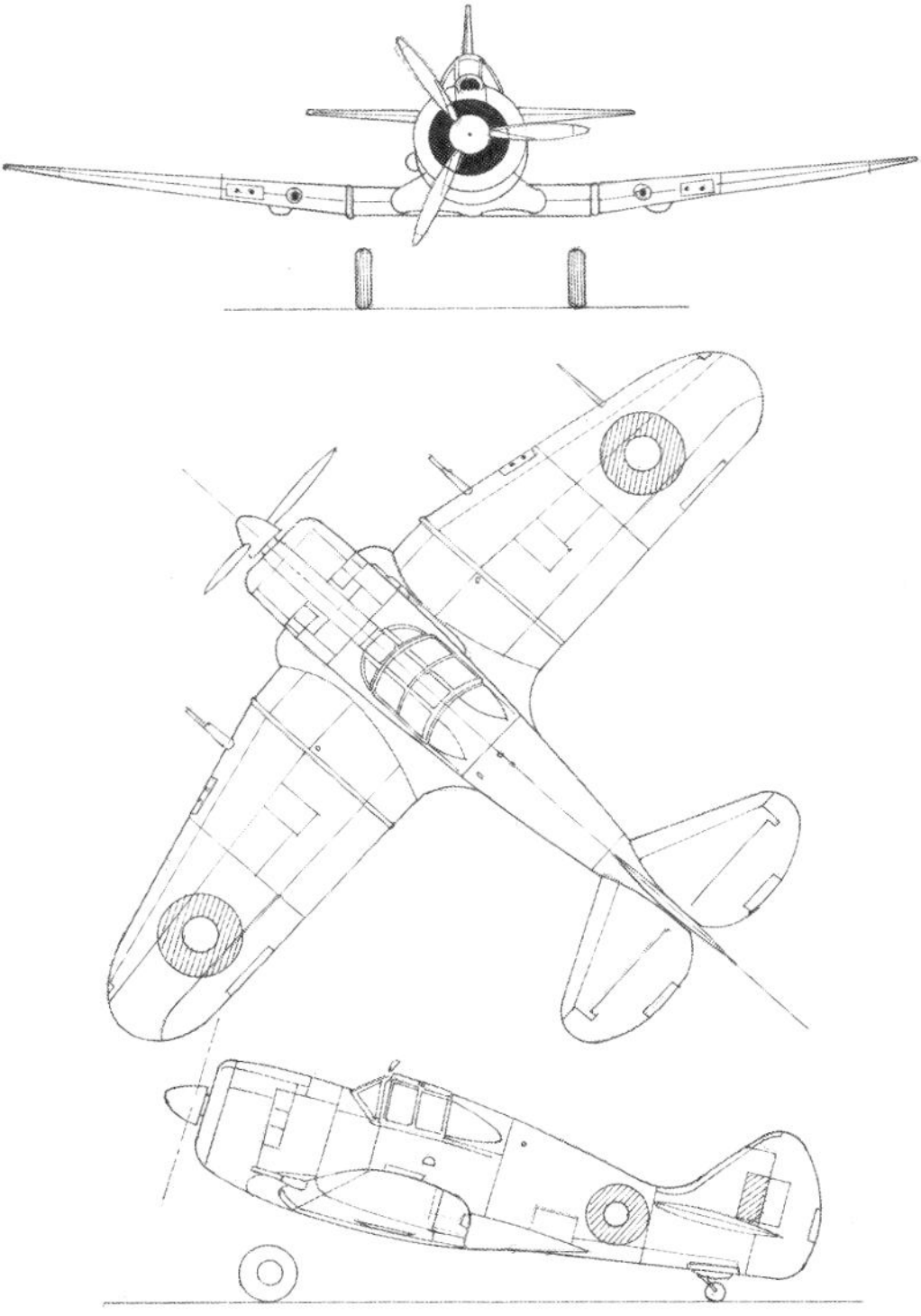

コモンウエルスCA－12「ブーメラン」戦闘機

能力を持つコモン・ウエルス社が存在したのだ。空軍は同月、同社に対し戦闘機の至急の開発を求めた。

この要求にコモン・ウエルス社は驚くべき速さで応えたのである。同年十二月に同社は空軍に対し「戦時急造型戦闘機」の設計仕様書を提示したのである。

コモン・ウエルス社は一九三九年七月にアメリカのノースアメリカン社が開発したAT6型練習機のライセンス製作権を取得していた。この機体は後に有名になったアメリカ陸海軍で使用された傑作練習機T-6である。コモン・ウエルス社はライセンス生産する機体に新たに「ワイラウエイ（挑戦という意味）」なる呼称を与え生産を開始していたのだ。

コモン・ウエルス社の設計陣はこの「ワイラウエイ」を基本に、大きな改造はなくして戦闘機として設計し直し、その概略設計図と仕様書をオーストラリア空軍に提示したのである。これに対しオーストラリア空軍は本機体に「ブーメラン（狩猟用の投擲具）」という呼称を与え、ただちに試作を同社に求めたのだ。

その後の作業も早かったのである。試作一号機は翌年一九四二年五月に完成した。そして試験飛行の結果に問題はなく、量産に入ることが決定されたのであった。「ブーメラン」の基本構造は「ワイラウエイ」の構造がそのまま応用され、鋼管溶接骨組みに軽金属と合板の外板構造で、エンジンには余剰となっていた空冷プラット&ホイットニーR－1830が搭載された。

本機の外観はおよそスマートとは言い難い無骨なものであるが、全体に引き締まった、いかにも小回りが利くように見えたのである。上昇限度一万三六〇〇メートル、航続距離一五〇〇キロ、上昇時間は一分間約九〇〇メートルと優れた性能を示し、旋回性能は練習機が基本であるために極めて優れていたのである。ただ本来の機体の形状や弱馬力のエンジンであるために最高速力は時速四九〇キロで、同じ時代の戦闘機と比べると低速ではあったが、他の特筆した性能でおぎなえるものとしてオーストラリア空軍は本機の量産を命じたのである。

「ブーメラン」の武装は二〇ミリ機関砲二門と七・七ミリ機関銃四梃で強力であり、五〇〇ポンド（二二五キロ）までの爆弾の搭載が可能で、優れた飛行性能からオーストラリア空軍は本機を対日反攻戦に際しての対地攻撃機として運用する意向だったようである。

量産機は一九四二年十月頃から空軍への引き渡しが始まり、同時に本機による部隊編成も開始された。本機の実戦配備は一九四三年五月頃からで、最初の配置はオーストラリア北部のヨーク半島方面の基地で、トレス海峡付近の哨戒と防空を担当するこ

コモンウエルスCA－12「ブーメラン」戦闘機

とになったのである。試作機完成から実戦配備までの期間の短さは驚くべきもので、まさに「戦時急造戦闘機」に該当する機体である。

その後、アメリカ・オーストラリア軍の共同作戦で展開されたニューギニア北部侵攻作戦やボルネオ島攻略作戦で本機はオーストラリア空軍の貴重な戦力として主に地上攻撃を担ったのである。

「ブーメラン」戦闘機が対日反攻作戦に登場した頃、とくに一九四三年後半からは、本機が現われる戦域には日本戦闘機の姿はなくなり、空中戦を展開する機会は皆無となったのである。したがって本機は「一機の敵機も撃墜したことがなく、一機の損害も出したことがない」世界でも稀有の戦闘機のタイトルを得たのである。

本機の基本要目は次のとおりである。

全幅　一一・〇五メートル

全長　七・七七メートル
自重　二四九二キロ
エンジン　プラット&ホイットニーR－1830（空冷複列星型一四気筒、最大出力一二〇〇馬力）
最高速力　四九〇キロ／時
上昇限度　一万三六〇メートル
航続距離　一四九七キロ
武装　二〇ミリ機関砲二門、七・七ミリ機関銃四梃、爆弾二二五キロ

おわりに

本書では著者の独断と偏見で選んだ第二次世界大戦中の不運な運命にあった軍用機を紹介した。この他にも多くの同種の機体が存在することは確かであるが、ここではとくに興味をそそられる機体を紹介したつもりである。

登場した機体の大半はいわゆる下馬評では相当に活躍が期待されていながら、現実は予想とは大きく違った結果に終わっている。何が問題であったのか。完成した機体が目的にそぐわなかった機体も多いが、そのほとんどは予想された性能を出し切れなかったことが原因である。勿論なかには戦況に間に合わなかった機体や、完成した時点ですでに出遅れていた機体もある。

軍用機の開発は様々な条件の中で進められるのであり、困難な作業の末に完成する機体には多くの期待がかけられるであろう。一機の軍用機の開発にはそれぞれ興味深い歴史が存在するのである。

ＮＦ文庫書き下ろし作品

NF文庫

第二次大戦 不運の軍用機
二〇二四年二月二十日 第一刷発行
著 者 大内建二
発行者 赤堀正卓
発行所 株式会社 潮書房光人新社
〒100-8077 東京都千代田区大手町一-七-二
電話/〇三-六二八一-九八九一(代)
印刷・製本 中央精版印刷株式会社
定価はカバーに表示してあります
乱丁・落丁のものはお取りかえ
致します。本文は中性紙を使用
ISBN978-4-7698-3345-1 C0195
http://www.kojinsha.co.jp

NF文庫

刊行のことば

第二次世界大戦の戦火が熄《や》んで五〇年——その間、小社は夥しい数の戦争の記録を渉猟し、発掘し、常に公正なる立場を貫いて書誌とし、大方の絶讃を博して今日に及ぶが、その源は、散華された世代への熱き思い入れであり、同時に、その記録を誌して平和の礎とし、後世に伝えんとするにある。

小社の出版物は、戦記、伝記、文学、エッセイ、写真集、その他、すでに一、〇〇〇点を越え、加えて戦後五〇年になんなんとするを契機として、「光人社NF（ノンフィクション）文庫」を創刊して、読者諸賢の熱烈要望におこたえする次第である。人生のバイブルとして、心弱きときの活性の糧《かて》として、散華の世代からの感動の肉声に、あなたもぜひ、耳を傾けて下さい。

＊潮書房光人新社が贈る勇気と感動を伝える人生のバイブル＊

NF文庫

写真 太平洋戦争 全10巻 〈全巻完結〉

「丸」編集部編

日米の戦闘を綴る激動の写真昭和史——雑誌「丸」が四十数年にわたって収集した極秘フィルムで構築した太平洋戦争の全記録。

第二次大戦 不運の軍用機

大内建二

呑龍、バッファロー、バラクーダ……様々な要因により存在感を示すことができなかった「不運な機体」を図面写真と共に紹介。

初戦圧倒

勝利と敗北は戦闘前に決定している

木元寛明

日本と自衛隊にとって、「初戦」とは一体何か？　どのようなことが起きるのか？　備えは可能か？　元陸自戦車連隊長が解説。

造艦テクノロジーの戦い

新装解説版

吉田俊雄

最先端技術に挑んだ日本のエンジニアたちの技術開発物語。戦艦「大和」「武蔵」を生みだした苦闘の足跡を描く。解説／阿部安雄。

飛行隊長が語る勝者の条件

新装解説版

雨倉孝之

壹岐春記少佐、山本重久少佐、阿部善次少佐……空中部隊の最高指揮官として陣頭に立った男たちの決断の記録。解説／野原茂。

日本陸軍の基礎知識

昭和の生活編

藤田昌雄

昭和陸軍の全容を写真、イラスト、データで詳解。教練、学科、武器手入れ、食事、入浴など、起床から就寝まで生活のすべて。

＊潮書房光人新社が贈る勇気と感動を伝える人生のバイブル＊

NF文庫

読解・富国強兵 日清日露から終戦まで
兵頭二十八
軍事を知らずして国を語るなかれ――ドイツから学んだ児玉源太郎に始まる日本の戦争のやり方とは。Q&Aで学ぶ戦争学入門。

新装解説版 名将宮崎繁三郎 ビルマ戦線 伝説の不敗指揮官
豊田 穣
名指揮官の士気と統率――玉砕作戦はとらず、最後の勝利を目算して戦場を見極めた、百戦不敗の将軍の戦い。解説／宮永忠将。

改訂版 陸自教範『野外令』が教える戦場の方程式
木元寛明
陸上自衛隊部隊運用マニュアル。日本の戦国時代からフォークランド紛争まで、勝利を導きだす英知を、陸自教範が解き明かす。

都道府県別 陸軍軍人列伝
藤井非三四
気候、風土、習慣によって土地柄が違うように、軍人気質も千差万別――地縁によって軍人たちの本質をさぐる異色の人間物語。

満鉄と満洲事変
岡田和裕
部隊・兵器・弾薬の輸送、情報収集、通信・連絡、医療、食糧などの輸送から、内外の宣撫活動、慰問に至るまで、満鉄の真実。

新装解説版 決戦機 疾風 航空技術の戦い
碇 義朗
日本陸軍の二千馬力戦闘機・疾風――その誕生までの設計陣の足跡、誉発動機の開発秘話、戦場での奮戦を描く。解説／野原茂。

＊潮書房光人新社が贈る勇気と感動を伝える人生のバイブル＊

ＮＦ文庫

新装版 憲兵 元・東部憲兵隊司令官の自伝的回想
大谷敬二郎
権力悪の象徴として定着した憲兵の、本来の軍事警察の任務の在り方を、著者みずからの実体験にもとづいて描いた陸軍昭和史。

戦術における成功作戦の研究
三野正洋
潜水艦の群狼戦術、ベトナム戦争の地下トンネル、ステルス戦闘機の登場……さまざまな戦場で味方を勝利に導いた戦術・兵器。

太平洋戦争捕虜第一号 海軍少尉酒巻和男 真珠湾からの帰還
菅原 完
「軍神」になれなかった男。真珠湾攻撃で未帰還となった五隻の特殊潜航艇のうちただ一人生き残り捕虜となった士官の四年間。

新装解説版 秘めたる空戦 三式戦「飛燕」の死闘
松本良男
幾瀬勝彬
陸軍の名戦闘機「飛燕」を駆って南方の日米航空消耗戦を生き抜いたパイロットの奮戦。苛烈な空中戦をつづる。解説／野原茂。

新装版 海軍良識派の研究
工藤美知尋
日本海軍のリーダーたち。海軍良識派とは⁉ 「良識派」軍人の系譜をたどり、日本海軍の歴史と誤謬をあきらかにする人物伝。

第二次大戦 偵察機と哨戒機
大内建二
百式司令部偵察機、彩雲、モスキート、カタリナ……第二次世界大戦に登場した各国の偵察機・哨戒機を図面写真とともに紹介。

＊潮書房光人新社が贈る勇気と感動を伝える人生のバイブル＊

NF文庫

大空のサムライ　正・続

坂井三郎

出撃すること二百余回――みごと己れ自身に勝ち抜いた日本のエース・坂井が描き上げた零戦と空戦に青春を賭けた強者の記録。

紫電改の六機　若き撃墜王と列機の生涯

碇　義朗

本土防空の尖兵となって散った若者たちを描いたベストセラー。新鋭機を駆って戦い抜いた三四三空の六人の空の男たちの物語。

私は魔境に生きた　終戦も知らずニューギニアの山奥で原始生活十年

島田覚夫

熱帯雨林の下、飢餓と悪疫、そして掃討戦を克服して生き残った四人の逞しき男たちのサバイバル生活を克明に描いた体験手記。

証言・ミッドウェー海戦　私は炎の海で戦い生還した！

橋本敏男
田辺彌八ほか

空母四隻喪失という信じられない戦いの渦中で、それぞれの司令官、艦長は、また搭乗員や一水兵はいかに行動し対処したのか。

『雪風ハ沈マズ』　強運駆逐艦 栄光の生涯

豊田　穣

直木賞作家が描く迫真の海戦記！艦長と乗員が織りなす絶対の信頼と苦難に耐え抜いて勝ち続けた不沈艦の奇蹟の戦いを綴る。

沖縄　日米最後の戦闘

米国陸軍省 編
外間正四郎 訳

悲劇の戦場、90日間の戦いのすべて――米国陸軍省が内外の資料を網羅して築きあげた沖縄戦史の決定版。図版・写真多数収載。